DOCTEUR SAFFRAY

LA CHIMIE

DES CHAMPS

Ouvrage couronné par l'Institut

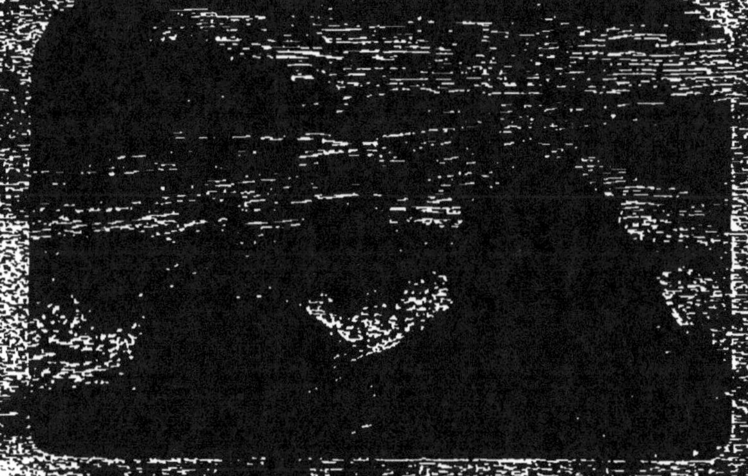

PARIS

LIBRAIRIE HACHETTE ET Cⁱᵉ

79, BOULEVARD SAINT-GERMAIN, 79

LA
CHIMIE DES CHAMPS

DOCTEUR SAFFRAY

LA CHIMIE

DES CHAMPS

Ouvrage contenant 65 figures

PARIS

LIBRAIRIE HACHETTE ET Cⁱᵉ

79, BOULEVARD SAINT-GERMAIN, 79

1876

PRÉFACE.

Autrefois le mot *Chimie* représentait à l'esprit une science mystérieuse, compliquée, capable d'intéresser seulement ses adeptes. Il en est pourtant de cette science comme de toutes les branches des connaissances humaines. Une vie bien employée suffit à peine pour en approfondir les théories et en suivre les applications; mais on peut détacher du corps de doctrine et de ses conséquences une série de faits et de vérités pour en former un sujet spécial d'étude.

Nous nous proposons, dans ce petit livre, d'exposer les notions les plus élémentaires de la chimie dans ses rapports avec la vie des champs, les productions naturelles du sol, les récoltes du laboureur et les produits de son industrie.

Dans ces développements familiers, le lecteur

verra qu'il n'est pas nécessaire d'être bien sâvant pour s'occuper de chimie et pour s'y intéresser.

La nature est un vaste laboratoire; notre corps n'est pas autre chose. Respirer, digérer, vivre constituent une série de phénomènes dont la chimie seule peut nous donner l'explication. Le chêne des forêts, le grain de blé, sont les résultats de combinaisons dont cette science nous fournit la clef. Transformer de la farine en pain, du jus de raisin en vin, opérations qui nous semblent fort simples parce que nous les pratiquons chaque jour, c'est faire de la chimie.

La ménagère est chimiste aussi lorsqu'elle prépare les aliments de manière à les rendre plus digestibles, plus sapides et plus odorants.

L'agriculteur est spécialement intéressé à demander à la chimie des explications et des conseils. Appelé à créer les principaux éléments de richesse, à produire les aliments de la nation, les matières premières de l'industrie et les objets destinés aux échanges des peuples, il réussira d'autant plus dans sa grande et noble tâche, qu'il aura mieux appris le *pourquoi* et le *comment* des travaux auxquels il se livre. La tradition, la pratique ne suffisent pas, dans nos temps de concurrence et de lutte; il faut y joindre les données positives de la science appliquée et vulgarisée, mise à la portée de tous ceux qui ont besoin de son concours.

De plus, pour que le travail soit attrayant, il faut que l'intelligence y prenne une part aussi grande que la force ou l'adresse, et l'on peut assurer qu'un travail est d'autant plus fructueux qu'il est plus attrayant.

Il y a encore des gens de bonne foi qui doutent des bienfaits de l'instruction pour les masses. Les résultats acquis depuis trois quarts de siècle sont pourtant de nature à les rassurer. Mais à ceux qui signalent certains inconvénients passagers des progrès réalisés dans les campagnes, nous dirons : Vous avez raison de vous plaindre ; une demi-instruction, des données vagues, suffisantes pour détruire et pour faire douter, trop incomplètes pour édifier et pour fonder des croyances, font plus de mal que de bien : pour changer les résultats, il suffit de compléter l'œuvre, en substituant la pleine lumière à une demi-obscurité dangereuse.

La science appliquée à l'étude de la nature ne peut que contribuer à relever les esprits, affermir les croyances et disposer aux devoirs de notre destination. En découvrant les merveilleuses harmonies de la terre et du monde, elle

ouvre à l'âme des horizons nouveaux où elle
s'élance pour admirer, remercier, adorer l'auteur de l'univers, dans ses manifestations les
plus accessibles à notre intelligence.

LA CHIMIE DES CHAMPS

L'AIR

La terre parcourt les espaces célestes, entourée d'une atmosphère gazeuse que nous appelons l'air. Nous avons étudié, dans un autre ouvrage [1], les principales propriétés physiques de cette mer aérienne au sein de laquelle nous vivons. Nous allons l'envisager spécialement aujourd'hui au point de vue de sa composition intime, expliquer le rôle que jouent ses divers éléments dans les phénomènes de la nature.

L'air est essentiellement constitué par un simple mélange de quatre substances : *l'oxygène*, *l'azote*, *l'acide carbonique* et la *vapeur d'eau*. Laissant de côté pour le moment la vapeur d'eau, dont les proportions très-variables n'influencent pas d'une manière notable les propriétés chimiques de l'air, et l'acide carbonique, qui ne s'y trouve que dans la proportion de quatre à six dix-millièmes, considérons l'atmosphère comme un mélange d'azote et d'oxygène.

1. *La Physique des champs*, 1 vol., petite bibliothèque illustrée.

Il n'y a pas encore cent ans que Lavoisier fit
connaître, pour la première fois, que l'air n'est pas
un tout homogène, et il s'écoula un demi-siècle
entre ses découvertes et leur confirmation au moyen
de l'analyse chimique. On sait maintenant que l'air
est formé par 21 parties d'oxygène, en volume,
et 79 parties d'azote.

Au moyen de procédés assez simples on peut
séparer les deux gaz de manière à les étudier sépa-

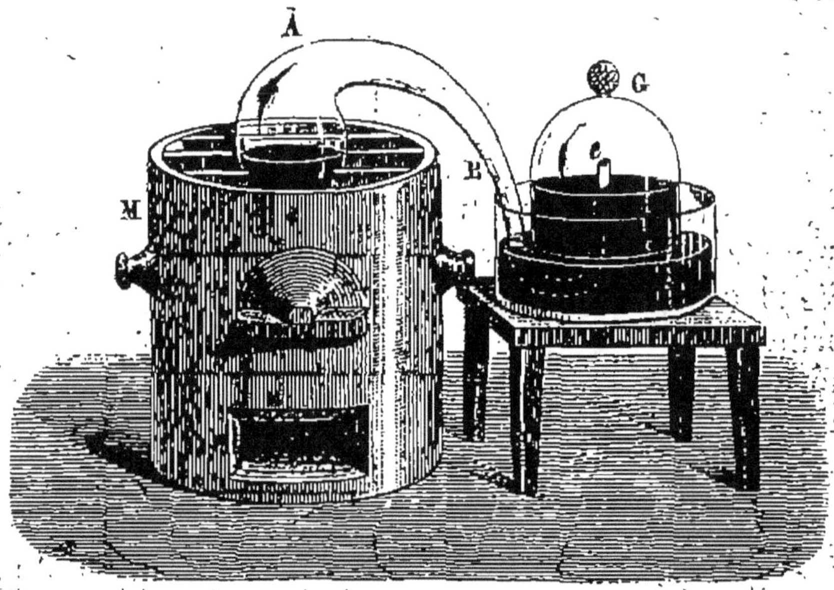

Fig. 1. — Séparation de l'oxygène de l'air.

rément. Voici comment procéda Lavoisier. Il prit
un *matras* ou ballon de verre et, après en avoir suffisamment chauffé le col pour le rendre malléable,
il recourba son extrémité en forme d'U. Un peu de
mercure ayant été introduit dans le matras, celui-ci
fut placé sur un fourneau M, tandis que l'extrémité
recourbée s'engageait sous une cloche G placée
sur un bain de mercure. La capacité de la cloche
et celle du matras avaient été mesurées avec soin ;
il y avait donc en présence du mercure et un vo-

lume d'air connu. Lavoisier entretint pendant douze jours le feu de son fourneau et vit peu à peu le mercure se couvrir d'une couche de poussière rouge brillante. En même temps le mercure du bain montait dans la cloche à une certaine hauteur, ce qui prouvait qu'un vide partiel y avait été produit : à première vue, on pouvait déduire

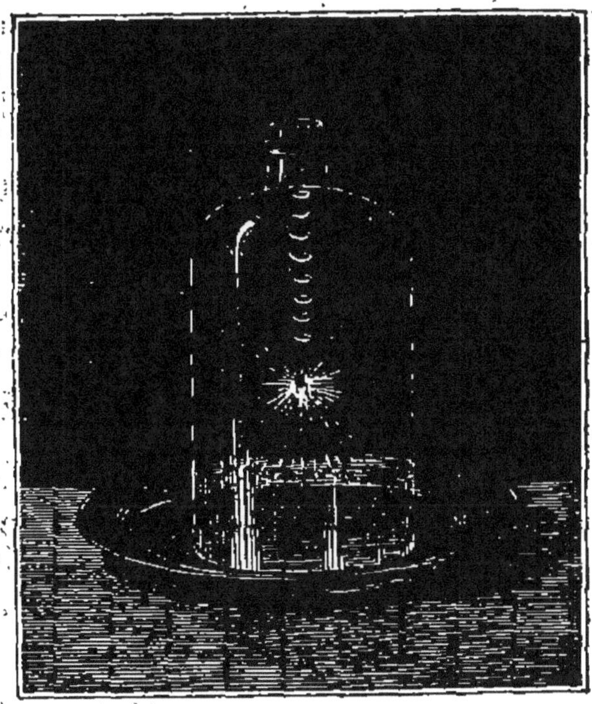

Fig. 2. — Combustion du fer dans l'oxygène.

qu'une partie de l'air s'était unie au mercure. Lavoisier sépara la poudre rouge et la distilla dans une petite cornue de verre, de manière à recueillir l'air qui devait s'en dégager à une haute température. Au bout de quelques instants il vit en effet la poussière rouge se dédoubler en mercure et en air. Mais cet air était très-différent de celui qui avait servi à l'expérience. Respiré, il produisait une excitation remarquable de la circulation. Si l'on y introduisait un fragment de charbon allumé, la combustion prenait une intensité extraordinaire; un fil de fer y brûlait en jetant de vives étincelles.

L'air retiré du matras et de la cloche n'était pas moins modifié. Il n'était plus respirable : un corps en combustion s'y éteignait immédiatement. En réunissant les deux gaz ainsi séparés, Lavoisier constata que leur simple mélange reconstituait l'air atmosphérique. Il était donc évident que l'air est un mélange de deux gaz doués de propriétés très-différentes : l'*oxygène*, capable d'entretenir la respiration et la combustion; l'*azote*, inerte, et destiné seulement à diluer l'oxygène pour modérer son action.

Nous avons dit que l'air contient de quatre à six dix-millièmes d'acide carbonique. Cette substance est un gaz comme l'azote et l'oxygène, et ce gaz se compose d'oxygène uni à du *carbone*, c'est-à-dire à du charbon parfaitement pur. Lorsqu'un morceau de charbon brûle à l'air libre, l'élévation de température et la lumière produite par sa combustion sont le résultat de l'union rapide, de la *combinaison* de l'oxygène de l'air avec la matière du charbon ou carbone. L'oxygène ne se trouve pas *détruit*, mais seulement combiné au carbone, et leur union constitue le gaz nommé *acide carbonique*, que l'on peut décomposer de nouveau en carbone et en oxygène.

Nous voici donc en mesure d'établir ces deux faits : Il n'y a pas de combustion sans oxygène; la combustion du carbone produit du gaz acide carbonique. Nous allons maintenant prouver que *vivre* et *brûler* sont des phénomènes identiques.

Si vous placez sous deux cloches de verre une

chandelle allumée et un oiseau, l'une en brûlant, l'autre en respirant, consommeront l'oxygène de l'air renfermé dans la cloche, et cette provision étant épuisée, la chandelle s'éteindra et l'oiseau tombera mort. Si vous analysez l'air des deux récipients, vous trouverez qu'il est formé d'azote et d'acide carbonique : le carbone a été fourni par le suif de la chandelle et par le corps de l'oiseau.

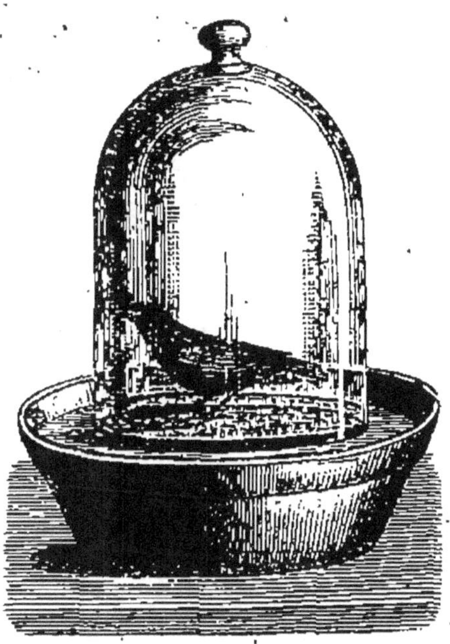

Fig. 3. — Combustion et respiration.

Nous ne vivons qu'à la condition d'entretenir la chaleur de notre corps par une combustion lente. Le combustible est fourni par le carbone des aliments que la digestion fait passer dans le sang; l'oxygène de l'air respiré s'unit à ce carbone, le brûle, en produisant de la chaleur, et de leur combinaison résulte de l'acide carbonique. Mais examinons un peu en détail cette fonction admirable des poumons et le rôle de l'air dans notre existence.

L'air que nous respirons pénètre dans les poumons par un tube nommé *trachée-artère* qui se bifurque en deux *bronches* ; celles-ci se divisent et se subdivisent en un nombre infini de tubes de

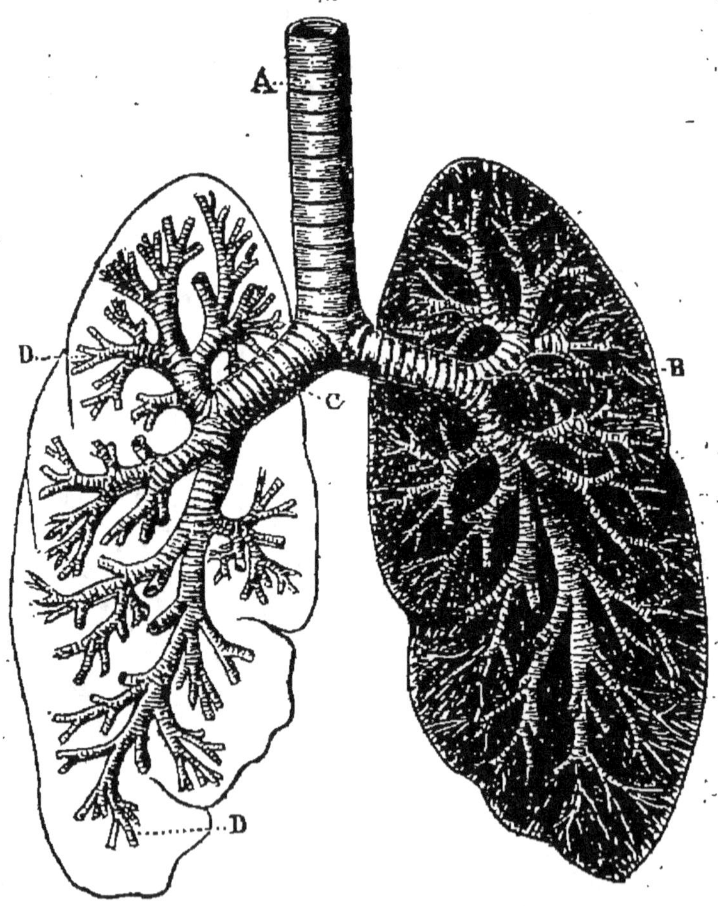

Fig. 4. — Intérieur du poumon. — A, trachée artère ; B et C, bronches ; DD, ramuscules bronchiques.

plus en plus déliés, dont les plus fins se terminent par de petites vésicules formées d'une membrane extrêmement mince, dans laquelle circule le sang. Celui-ci arrive dans le poumon chargé du carbone des aliments, et l'air pénétrant au travers des

membranes poreuses qui forment le tissu du poumon et des veines, son oxygène s'unit au carbone
en développant de la chaleur, et il se forme de l'a-
cide carbonique qui s'échappe au dehors. De plus,
le sang noir, impropre à la vie, qui arrive par les
veines dans le poumon, s'imprègne d'une nouvelle
provision d'oxygène qui lui rend sa couleur ver-
meille, et qu'il va transporter dans tout le corps
pour l'y employer à brûler lentement sa propre
substance.

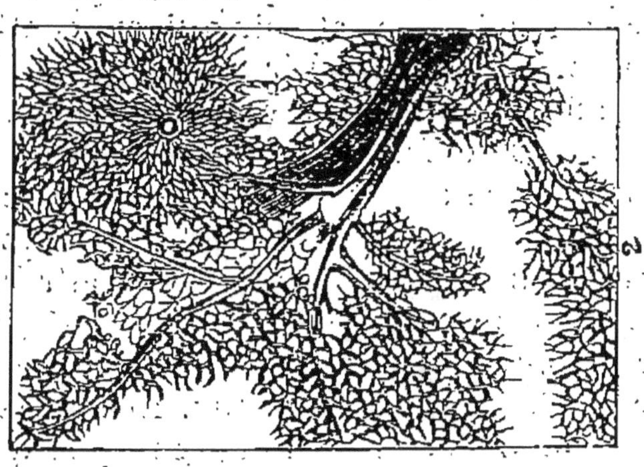

Fig. 5. — Tissu des poumons.

Si l'on analyse l'air qui est rejeté à chaque *expi-
ration*, on constate qu'il ne contient que 18 parties
d'oxygène au lieu de 21, mais qu'il renferme une
quantité considérable d'acide carbonique. La respiration est donc en tout point comparable à la
combustion, et nous pouvons dire que vivre c'est
brûler.

Cherchons maintenant à nous rendre compte des
changements apportés dans la composition de l'atmosphère par ces phénomènes identiques, vie et
combustion. L'homme adulte consomme par jour,

pour sa respiration environ 500 litres d'oxygène. Or, en évaluant à 1 milliard d'individus la population du globe, on trouve que l'humanité a besoin chaque jour de 500 millions de mètres cubes d'oxygène. Les animaux en font une consommation au moins égale, et le feu, sous toutes ses formes, exige au moins le double ; par conséquent il y a chaque jour 2000 millions de mètres cubes d'oxygène retirés de l'atmosphère et rejetés sous forme d'acide carbonique.

Mais le gaz acide carbonique est impropre à entretenir la respiration, et l'air qui en contient un excès fait promptement périr par asphyxie l'homme ou les animaux qui se trouvent forcés de le respirer. Comment se fait-il que l'atmosphère ne soit pas appauvrie en oxygène et viciée par l'accumulation de l'acide carbonique? Y a-t-il dans la nature une force sans cesse en action pour contrebalancer cette double cause de mort?

Pour répondre à ces questions nous n'avons qu'à étudier la vie dans les végétaux. Nous venons de voir que l'homme et les animaux respirent et que dans leurs poumons une certaine quantité d'oxygène se trouve consommée, tandis que l'air exhalé contient de l'acide carbonique, résultat de la combinaison de l'oxygène avec le carbone des aliments ou de la substance même du corps. Eh bien ! les plantes respirent aussi, et nous allons constater que leur respiration a pour résultat d'absorber l'acide carbonique de l'air et de libérer de l'oxygène.

Les feuilles sont les poumons des plantes. Au-dessous de l'épiderme qui les recouvre se trouvent une multitude de petites cavités qui communiquent avec l'air au moyen d'ouvertures pratiquées dans l'épiderme. En examinant une feuille au microscope, on reconnaît facilement cette disposition, et l'on voit de distance en distance les petites bouches ou *stomates* qui servent à leur respiration. Les cavités ou chambres à air qui communiquent avec ces stomates représentent les *vésicules* du poumon humain ; la sève baigne leur tissu comme le sang circule dans l'épaisseur des parois des vé-

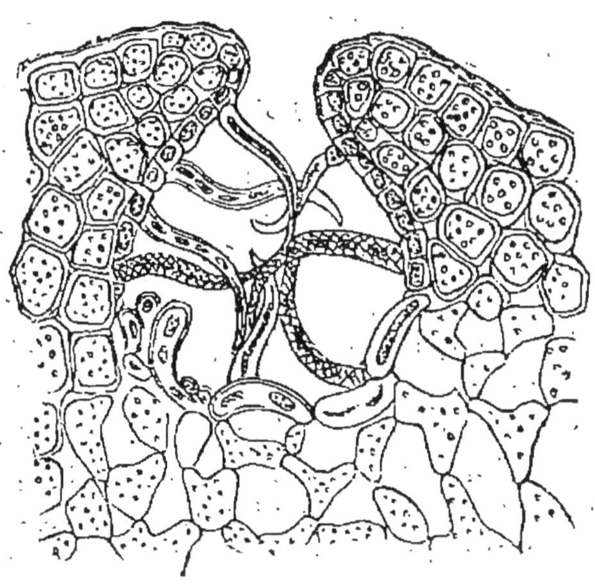

Fig. 6. — Respiration des plantes. — Stomate grossie.

sicules. Or voici ce qui se produit lorsque l'air pénétrant dans les chambres à air se trouve en contact avec la sève. Pendant la nuit, les choses se passent comme dans le poumon des animaux : il y a absorption d'oxygène et émission d'acide carbonique ; mais pendant le jour c'est le contraire qui a lieu, l'acide carbonique de l'air est décomposé par la feuille, son carbone est retenu par la sève pour former les tissus de la plante, tandis que l'oxygène est rejeté dans l'air. La respiration diurne des plantes étant beaucoup plus énergique que leur respiration nocturne, le résultat définitif de leur existence est une absorption d'acide carbonique dont elles s'assimilent le carbone et remettent en liberté l'oxygène.

Grâce à cette migration continuelle et à ces transformations sans cesse renouvelées, l'air conserve une composition pour ainsi dire uniforme. Source et aliment universel de la vie, il remplit tour à tour les rôles les plus divers ; les mêmes particules qui entretiennent aujourd'hui l'existence de l'humanité et circulent dans la sève de nos forêts, ont animé les premiers habitants de la terre et fait partie de ses premières productions : dans des milliers de siècles la même matière servira encore aux mêmes usages. D'une part, cette simplicité dans les moyens et cette harmonie dans les résultats nous révèlent chez le Créateur et l'organisateur de l'univers des puissances que notre faible raison peut à peine entrevoir ; de l'autre, cette résurrection périodique des éléments dont se compose la matière, cette succession d'existences, de vies, auxquelles participe un atome, nous donnent une vague conception de l'immortalité.

Nous devons noter toutefois que l'atmosphère de la terre n'a pas toujours eu la composition que nous lui connaissons aujourd'hui. La croûte solide refroidie à la surface de sa masse incandescente a absorbé, pour se former, d'énormes quantités d'oxygène ; plus tard un immense excès d'acide carbonique, dont la présence s'opposait à la vie des animaux, a été décomposé par les forêts antédiluviennes, et nous retrouvons tout le carbone qu'il contenait condensé sous forme de houille.

Maintenant que nous connaissons la composition

générale de l'air et que nous savons dans quelles conditions il est employé à l'existence des animaux et des plantes, nous allons étudier les substances qui s'y trouvent mêlées en petites proportions, mais dont la présence altère d'une manière sensible ses propriétés. Nous chercherons aussi quelles sont les circonstances qui peuvent causer des variations locales dans sa composition.

Puisque les végétaux émettent de l'oxygène pendant le jour et de l'acide carbonique pendant la nuit, l'atmosphère des bois change notablement pendant ces deux périodes. Le jour, l'air y est vif, exhilarant, tandis que la nuit il provoque l'abattement, la somnolence, comme l'air mal renouvelé d'une chambre habitée. L'acide carbonique se trouvera aussi en excès dans l'air des grandes villes, où l'agglomération des hommes et des animaux, l'emploi du combustible pour les besoins de l'économie domestique et de l'industrie, l'éclairage des maisons et des rues, jettent sans cesse dans l'atmosphère des masses considérables de ce gaz irrespirable. Comme il est plus soluble dans l'eau que l'oxygène et l'azote, l'air contient moins d'acide carbonique après une pluie de quelque durée; mais à mesure que l'eau s'évapore, ce gaz est remis en liberté.

Si nous voulons respirer un air pur, nous choisirons donc celui de la campagne; mais là encore nous pourrions manquer le but si une ventilation constante ne renouvelait l'atmosphère de nos demeures. Un homme adulte consomme, par heure, environ 90 litres d'oxygène et produit de 12 à 15 litres d'acide carbonique. De plus, la respiration et la transpiration jettent dans l'air des matières organiques d'une odeur désagréable. Une bougie produit dans l'air à peu près les mêmes altérations qu'un homme ; une lampe carcel moyenne, brûlant de l'huile, consomme quatre fois plus d'oxygène et produit quatre fois plus d'acide carbonique. La respiration des animaux agit naturellement comme celle de l'homme. Nous voyons donc que dans une chambre où se trouvent quatre personnes adultes, une lampe allumée et un chien, il se consomme en cinq heures 3825 litres d'oxygène et il se forme 640 litres d'acide carbonique. Supposant la chambre de grandeur moyenne et sans aucun moyen de ventilation, la viciation de l'air et le manque d'oxygène produiraient chez les personnes ainsi renfermées des maux de tête, des vertiges, la perte de connaissance et enfin l'asphyxie. Il est donc indispensable d'assurer le renouvellement de l'air à mesure qu'il est vicié et de procurer à nos poumons la quantité d'oxygène sans laquelle toutes les fonctions deviennent languissantes.

L'air de la mer contient en suspension, dissous dans la vapeur d'eau, une quantité notable de sel commun (*chlorure de sodium*) et des traces d'iode et de brome. Ces substances lui donnent des propriétés spéciales qui contribuent sans doute beaucoup aux effets remarquables de cet air sur la santé.

Mais la plupart des substances qui se trouvent accidentellement dans l'air seraient très-nuisibles si elles dépassaient la proportion que nous révèle l'analyse. Ainsi l'air contient, dans le voisinage des volcans, de l'*acide sulfureux*, gaz suffocant produit par la combustion du soufre ; les eaux stagnantes laissent échapper de l'*hydrogène carboné* ; l'action des végétaux sur le *sulfate de chaux* produit de l'*acide sulfhydrique*, dont l'odeur rappelle telle des œufs pourris ; la décomposition des matières animales et végétales donne naissance à de l'*ammoniaque* ou alcali volatil, à de l'*hydrogène sulfuré* et à de l'*hydrogène phosphoré*. C'est ce dernier gaz qui, s'enflammant spontanément au contact de l'air, produit, au voisinage des cimetières, ces lueurs tremblantes que l'on appelle *feux follets*.

L'industrie de l'homme, les usines, les manufactures de produits chimiques, jettent constamment dans l'air des produits malfaisants : chlore, acide nitrique , etc. Mais les pluies s'emparent de toutes ces impuretés solubles et les déposent sur le sol, où elles forment des combinaisons qui les rendent inoffensives.

Nous devons citer, parmi les substances qui altèrent la composition de l'air, les poussières de toute sorte qui s'y trouvent suspendues, et qui s'opposent à sa transparence, surtout au-dessus des grandes villes.

Lorsqu'un rayon de soleil pénètre à travers la fente d'un volet, dans une chambre toute close, si l'air était parfaitément exempt de poussière, le rayon lui-même serait invisible, et l'on verrait seulement, sur le plancher ou sur le mur une trace lumineuse produite par sa réflexion. Mais les myriades d'atomes suspendus dans l'air réfléchissent chacun une partie de la lumière et marquent ainsi son passage. Outre les poussières formées de particules légères de tout ce que le vent peut détacher à la surface de la terre, l'air contient des quantités de matières ténues provenant de la pulvérisation d'aérolithes, qui tombent sans cesse sur la terre.

Ce n'est pas tout encore. Les hommes et les

animaux dégagent des *miasmes*, c'est-à-dire des émanations qui s'exhalent par les poumons et par la peau. Dans certaines conditions, ces miasmes, qui se putréfient avec la plus grande facilité, se convertissent en germes de maladies, et le vent s'en empare pour les disséminer dans un espace restreint ou à travers de grandes distances. Ils s'attachent aux vêtements, aux meubles, aux maisons, et conservent longtemps leur dangereuse vitalité ; telle est l'origine d'un grand nombre d'épidémies.

Enfin l'air transporte les germes vivants de plantes et d'animaux microscopiques, qui pénètrent dans nos tissus par les poumons ou par l'estomac, se développent, se multiplient, et produisent les fièvres paludéennes ou fièvres des marais. Il n'est pas prouvé toutefois que toutes les fièvres de ce genre procèdent de cette seule cause. Les effluves qui se dégagent des eaux stagnantes sont fort complexes : la décomposition des matières animales et végétales fermentées et putréfiées engendre des gaz qui agissent sur le sang comme de véritables poisons, qui tuent en quelques heures ou minent lentement la constitution la plus robuste. Ces diverses causes de maladies, germes invisibles ou gaz pernicieux, peuvent d'ailleurs se produire partout où la chaleur et l'humidité donnent naissance à un grand nombre d'êtres vivants, animaux ou végétaux, et accélèrent leur décomposition. Un défrichement, un travail de terrassement, suffisent pour infester l'air de ces véritables semences de maladie.

C'est ainsi que l'atmosphère, source de toute existence, est aussi, dans certaines conditions, une cause de mort pour l'homme et pour les animaux.

Mais l'homme ne reste pas sans défense exposé à ces dangers. Il peut, en étudiant la direction des vents de la saison chaude, placer son habitation de manière à ne pas se trouver sur leur passage après qu'ils se sont imprégnés d'effluves marécageuses ; il a observé qu'un simple rideau d'arbres arrête le poison de l'air, enfin il a inventé des procédés de drainage et de desséchement qui lui permettent de transformer en riches cultures les anciens foyers d'épidémies.

De plus, la Providence a placé dans l'atmosphère un correctif puissant des émanations morbides dont elle se trouve parfois imprégnée, et c'est l'air lui-même qui en fournit les éléments. Pendant les orages, la foudre produit sur son passage, dans l'oxygène de l'air, une modification remarquable qui exalte en quelque sorte ses propriétés. L'oxygène ainsi modifié ou électrisé agit avec une activité extraordinaire, et détruit rapidement les miasmes malsains et les germes de maladie transportés par les effluves paludéennes. En même temps il augmente l'énergie vitale et rend le corps plus apte à résister aux influences pernicieuses. On a donné à l'oxygène ainsi modifié le nom d'*ozone* et l'on a reconnu qu'il est produit en assez grande quantité là où la végétation est très-active, dans les bois et les prairies exposées aux rayons du soleil ; il se développe aussi aux bords de la mer. Toutefois l'ozone pur est un irritant, un véritable poison et ne peut être respiré avec avantage qu'à l'état de dilution extrême.

Si l'air restait immobile en chaque lieu, nous pouvons nous rendre compte des différences très-marquées que l'on constaterait dans sa composition, selon qu'on l'analyserait en pleine mer, dans une prairie, une forêt, au-dessus d'un désert de sable, d'un marais ou d'un volcan, au fond d'une étroite vallée ou sur les toits d'une populeuse cité. Les villes, les vallées basses, les environs des étangs, des lacs et des marais, les vastes *deltas* formés à l'embouchure des fleuves seraient promptement rendus inhabitables par l'accumulation des gaz irrespirables, des miasmes et des effluves. Mais l'air est sans cesse en mouvement, de sorte que les émanations méphitiques et pestilentielles se trouvent diluées dans une masse énorme. Les éléments principaux de l'atmosphère sont répartis en chaque point dans des proportions qui n'offrent par rapport à son rôle que des variations insignifiantes. En même temps que le mouvement assure le mélange uniforme de la masse, la pluie, la neige, se chargent des gaz, des poussières et des autres impuretés ; enfin l'électricité, en produisant l'ozone, achève de purifier cette mer aérienne qui baigne la surface du globe, pour lui répartir dans une juste mesure la lumière, la chaleur, l'humidité. Plongés dans cet océan qui nous rend l'existence possible, nous lui empruntons encore de quoi entretenir le merveilleux souffle de vie que nous a donné le Créateur ; la plante existe comme nous, en lui et par lui. Il est aussi indispensable à la vie des êtres que Dieu est indispensable à l'univers.

LES PIERRES

Notre terre est un soleil éteint. Pendant les premiers âges de son existence, les éléments qui la composent, soumis à une haute température, n'existaient qu'à l'état de vapeurs plus ou moins denses, de gaz plus ou moins dilatés : c'était véritablement le chaos.

Parcourant les espaces célestes dont la température est beaucoup plus basse que celle des régions polaires, cette masse de vapeurs et de gaz se refroidit graduellement. A mesure que sa chaleur diminuait, certaines substances se liquéfiaient ou se solidifiaient; celles qui avaient l'une pour l'autre quelque affinité s'unissaient pour former des matières composées.

Les métaux, qui constituaient la plus grande partie de la planète, se liquéfièrent, et par leur poids tombèrent au centre de la masse demi-fluide et demi-gazeuse. Quelques-uns très-facilement oxydables, comme le *calcium*, le *potassium*, le *sodium*, l'*aluminium*, s'unirent immédiatement à l'oxygène de l'air pour former la chaux, la potasse, la soude, l'alumine, qui se trouvèrent surnager comme des scories à la surface des métaux fondus. Le *silicium* s'emparant aussi d'oxygène forma une autre scorie fort importante : la *silice*.

Le refroidissement continuant toujours, la surface de ces scories commença à se figer par places; la solidification se propagea peu à peu, et le globe de métaux fondus se trouva enveloppé d'une couche pierreuse qui s'épaississait continuellement.

Par intervalles, la masse bouillonnante rompant la pellicule solide vomissait au-dessus des torrents de matières en fusion qui s'y solidifiaient à leur tour ; ailleurs de vastes étendues de roches déjà arrivées à leur état parfait se trouvaient englouties de nouveau dans la fournaise, ramollies, pétries avec des matériaux étrangers, puis rejetées à la surface.

Lorsque la croûte terrestre, composée de ces roches justement nommées primitives, eut acquis une épaisseur suffisante pour résister à peu près partout à la pression des vapeurs et des gaz qui cherchaient une issue à travers l'enveloppe de pierre refroidie, l'écorce cédant par places sous ce violent effort se trouva soulevée, fissurée, et des matériaux fluides ou pâteux se précipitant par les crevasses déversèrent sur le sol renflé des monceaux de granite ou de gneiss ; telle fut l'origine des plus hautes montagnes et des filons métalliques.

Pendant que les forces de la nature, livrées à elles-mêmes, préparaient ainsi la croûte solide où devait plus tard se manifester la vie, le refroidissement opérait une condensation non moins remarquable dans les vapeurs et les gaz qui flottaient encore pêle-mêle autour de l'astre graduellement éteint. Un gaz, l'*hydrogène*, uni à l'*oxygène*, avait entretenu la combustion à la surface de la terre, comme il entretient encore autour du soleil une atmosphère flamboyante. Eh bien, ces deux éléments par excellence du feu et de la chaleur s'unirent, dès que la température fut suffisamment diminuée, pour former l'élément qui nous semble le plus opposé au feu ; l'hydrogène et l'oxygène se combinèrent, et il en résulta l'eau, qui tomba graduellement en pluie et couvrit toute la surface du globe, à l'exception des plus hautes montagnes.

Mais cette eau était loin d'être pure. Elle contenait en dissolution des acides capables de désorga-

Fig. 7. — Filons métalliques.

niser les roches et de s'unir à plusieurs de leurs éléments. Sur beaucoup de points, des couches encore brûlantes se trouvèrent en contact avec la pluie corrosive qui désagrégea rapidement les pierres et les réduisit à l'état de gravier, de sable ou de limon.

En même temps que l'eau se débarrassait, au contact des pierres, des acides qu'elle contenait en excès, et formait ainsi des roches d'une nouvelle espèce, la croûte solidifiée cédait encore à la pression intérieure. De grands soulèvements avaient lieu par places, tandis qu'en d'autres endroits se produisaient de vastes effondrements. Des couches déjà entièrement refroidies se trouvaient ainsi réchauffées ; de nouvelles coulées liquides ou pâteuses s'aggloméraient ou se répandaient sur de larges surfaces. Les soulèvements de cette période forcèrent les eaux à s'écouler vers les parties les plus basses : telle fut l'origine des continents et des mers.

Plus tard, après des époques dont nous pouvons difficilement apprécier la durée, une force nouvelle, tout à fait différente de celles que nous avons vues en jeu dans la condensation, le rapprochement ou la combinaison des éléments, vint collaborer à la production des pierres. La vie avait paru. Des êtres aussi remarquables par leur petitesse que par leur nombre, animaux et plantes microscopiques, commencèrent à élaborer deux principes contenus en dissolution dans les eaux douces et salées : la silice et la chaux. Chaque petit être en solidifia une parcelle pour en faire sa carapace ou son squelette, et l'agglomération de ces infiniment petits bâtit ainsi de puissantes couches de pierres !

Maintenant que nous avons une idée générale de la manière dont se sont produites les roches, les pierres, qui forment, au-dessus de la terre arable comme au-dessous de la vase des océans, la croûte solide de notre globe, nous allons étudier en détail celles qu'il nous importe le plus de connaître au point de vue spécial de cet ouvrage.

Jetons d'abord un coup d'œil sur la composition

générale des pierres les plus communes et les plus utiles à l'homme. Malgré leur diversité de couleur, de poids, de dureté, nous trouvons qu'elles contiennent un nombre très-limité de substances. La nature économise les moyens; avec peu d'éléments elle forme une foule de combinaisons.

Constatons d'abord que toutes les pierres renferment de l'oxygène : ce qui reste de ce gaz dans l'atmosphère est ce que les pierres n'ont pas absorbé pendant leur formation. Mais toutes les proportions étaient si justement calculées, dans le chaos primitif, que le résidu de cette immense manipulation se trouve être exactement tel que la puissance créatrice le ferait aujourd'hui pour le rôle qu'il doit remplir dans l'entretien de la vie.

Un métal, le *silicium* uni à l'oxygène; dans la proportion d'un *atome* métallique pour deux atomes gazeux, produit l'un des groupes de pierres les plus répandues et les plus remarquables : les pierres *siliceuses* ou la *silice*. Nous citerons, comme appartenant à cette catégorie, les grès, les pierres à feu, les quartz remarquables par leur dureté et leur structure homogène. Lorsque la silice est parfaitement pure, elle offre quelquefois la transparence et la limpidité du cristal, et prend alors le nom de *cristal de roche*. Les agates, recherchées pour leur dureté et surtout pour leurs teintes variées, sont aussi de la silice. Toutes les pierres de ce groupe sont susceptibles de prendre des formes mathématiques, de cristalliser, comme on le voit souvent dans les roches de quartz, où l'on trouve des *géodes* d'aiguilles brillantes, parfois colorées en jaune ou en violet.

La silice s'unit facilement à d'autres pierres et forme ainsi des pierres *silicatées*. L'une des plus répandues et des plus utiles est le *feldspath* : voici ce que c'est que ce mineral. Trois métaux, le *potassium*, le *sodium*, l'*aluminium*, unis à l'*oxygène*, ont formé les substances que nous appelons

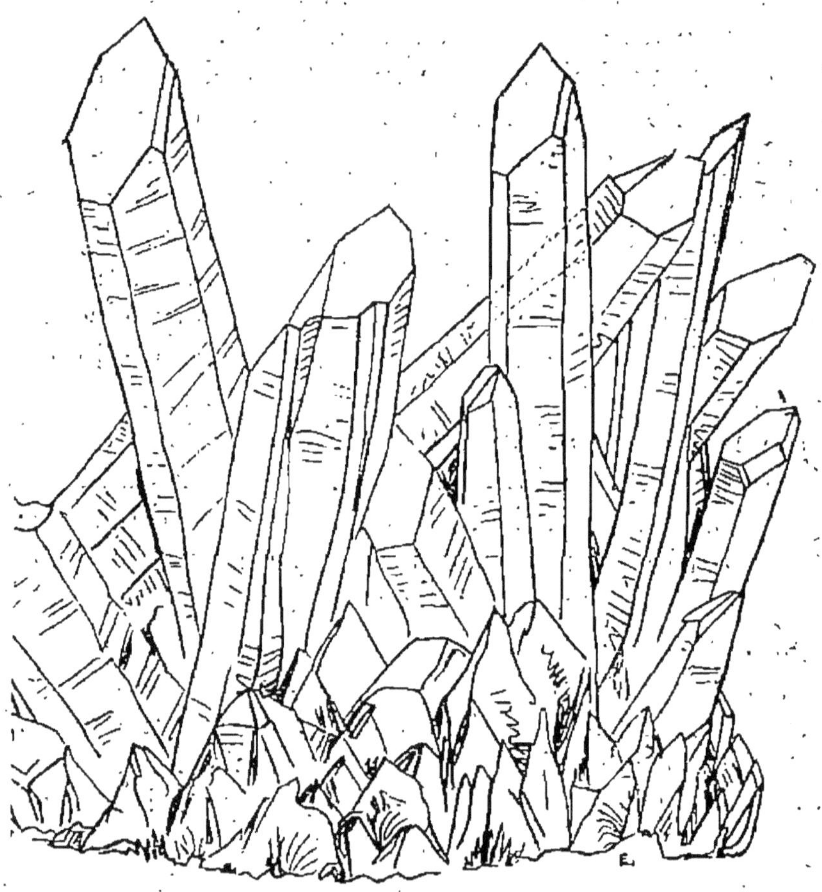

Fig. 8. — Cristaux de quartz.

potasse, soude, alumine ; lorsque la silice s'unit à l'une de ces trois substances, il en résulte une pierre complexe très-dure, que l'on nomme *feldspath*. Celui-ci se rencontre souvent en lames cristallines, brillantes, et le plus souvent il est associé à du quartz ou à d'autres pierres siliceuses, comme

dans le *granite*, le *porphyre*, les *laves* des volcans.
Si vous examinez un fragment de granite à pâte

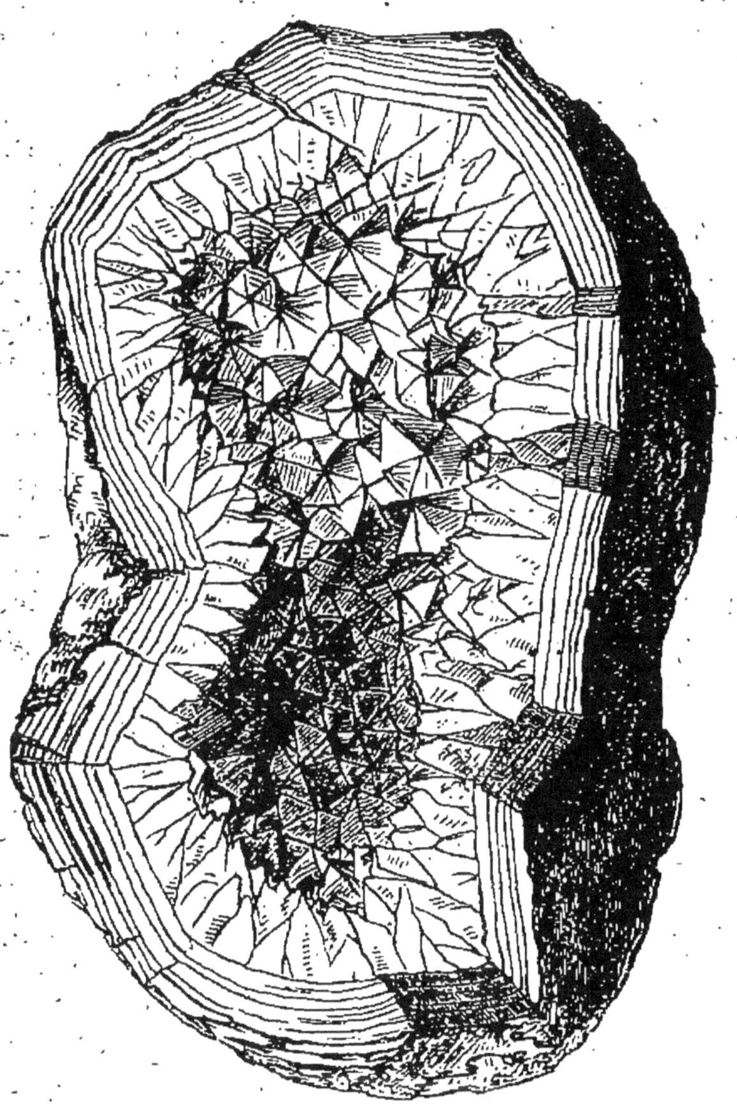

Fig. 9. — Géode de quartz améthyste.

un peu grossière, vous reconnaîtrez qu'il est parsemé de paillettes miroitantes qui se désagrégent
aisément en poussière. Ces paillettes sont du *mica*,

un autre *silicate* composé de *silice* et d'*alumine* et coloré d'ordinaire par de l'oxyde de fer.

En se combinant avec l'*alumine*, la *silice* produit l'argile, qui est par conséquent formée de deux métaux : le *silicium* et l'*aluminium*, plus du gaz oxygène. Il semble que l'argile soit le plus souvent produite par une décomposition des feldspaths, et nous reviendrons sur ce point en nous occupant des *Terres*.

La *pierre calcaire* ou *carbonate de chaux* est très-abondante, et nous aurons souvent à constater son utilité. Lorsque le métal *calcium* s'oxyde en s'unissant au gaz oxygène, il produit de la *chaux* : une molécule de chaux et une molécule de gaz acide carbonique constituent le carbonate de chaux, qui contient par conséquent trois substances élémentaires : le métal *calcium*, le *carbone* ou charbon pur, et le gaz *oxygène*. Dans d'autres pierres, le *soufre* prend la place du charbon et, au lieu de *carbonates*, on a des *sulfates*.

Nous allons examiner quatre groupes de pierres qui se distinguent par la combinaison de l'oxygène avec l'un de ces trois éléments : *silicium*, *charbon* ou *carbone* et *soufre*.

Le *granite* est formé par la réunion de cristaux de *feldspath*, de *quartz* et de *mica* qui semblent avoir été pétris ensemble à l'état de pâte demi-fluide. Quelquefois le mica est remplacé par un *silicate de chaux* moins brillant, et le granite prend alors le nom de *syénite*. Dans cette roche, le quartz est le plus souvent incolore, et les belles nuances rouges ou roses lui sont données par les cristaux de feldspath, tandis que le *mica*, ou l'*amphibole* qui le remplace, produisent les couleurs foncées, grises ou vertes. Les granites constituent essentiellement presque toutes les grandes chaînes de montagnes ; ils dominent dans les Pyrénées, les Alpes, les Vosges ; on les trouve en masses considérables dans l'Auvergne, le Limousin, la Bretagne. Il y en a d'un grain grossier, peu résistant, qui se désagrégent rapidement sous l'influence de l'air, de la pluie, de la gelée ; tandis que d'autres, assez durs pour recevoir un beau poli, fournissent les matériaux des édifices les plus solides et les plus durables. Les Egyptiens employaient le granite dans la construction et l'ornementation de leurs temples : aussi les siècles ont passé sur ces monuments sans même les défraîchir, et nous pouvons lire aujourd'hui les chroniques gravées il y a quatre mille ans sur ces pages de pierre. Nous avons dans les Vosges un granite rouge, ou plutôt une *syénite* formée de cristaux nacrés de feldspath rose, de quartz diaphane et d'aiguilles d'*amphibole* ; cette roche admirable, qui semble une pâte de pierres précieuses, est semblable à celle qui fut le plus employée par les Egyptiens, dont nous possédons à Paris un magnifique échantillon dans l'obélisque de la place de la Concorde.

Le *porphyre* est, à proprement parler, une espèce de *lave* qui s'est trouvée expulsée à travers des crevasses des couches déjà formées. Son aspect et sa composition le rapprochent du granite, mais on dirait qu'il n'est pas arrivé à la perfection : c'est une pâte dans laquelle nagent des cristaux peu nombreux de *quartz* ou de feldspath ; toute la masse n'a pas pu prendre la forme cristalline. Les couleurs du porphyre sont d'ordinaire plus foncées que celles du granite ; la masse de la pâte est souvent rouge ou verte, tandis que les cristaux sont blancs ou faiblement teintés. On trouve dans les Vosges et dans le département de la Loire de très-beaux porphyres rouges ; il y en a de verts dans les Vosges, la Corse et les Pyrénées ; nous en possédons aussi de noirs à cristaux blancs.

Passons maintenant à un minéral non moins commun et non moins utile que les précédents, mais très-différent de propriétés et d'aspect : la *pierre calcaire*. On la trouve parfois à l'état de pureté parfaite et cristallisée, mais le plus souvent elle se présente avec une apparence terreuse ou compacte et légèrement cristalline. Si on laisse tomber à sa surface une goutte d'acide, celui-ci se combine avec la chaux et met en liberté l'acide carbonique sous forme de petites bulles. Chauffée à une haute température, elle abandonne aussi son acide carbonique et produit la *chaux vive*, dont nous nous occuperons au chapitre suivant.

La pierre calcaire n'est jamais aussi dure que le granite, mais certaines variétés de *marbres* sont assez résistantes pour recevoir un beau poli et supporter les intempéries ; d'autres sont trop tendres pour être employées dans l'architecture, et les ornements que l'on en fait ne peuvent être exposés à l'air libre. Elle fournit la pierre à bâtir par excellence lorsque l'on n'a pas en vue une durée indéfinie, car elle se laisse facilement tailler et sculpter et les parties exposées à l'air durcissent avec le temps. Toutefois, cette pierre étant poreuse, l'eau s'y infiltre en automne, et se congelant pendant l'hiver, effritte peu à peu la surface.

Parmi les *marbres* ou calcaires dont le grain est assez fin pour recevoir le poli, on distingue ceux à la cassure terne, mate, et ceux à cassure cristalline, translucide. Le marbre blanc statuaire appartient à la seconde catégorie. Les anciens en possédaient des carrières aujourd'hui épuisées et l'Italie n'en a plus qu'un gisement, dont les beaux produits valent 2000 francs le mètre cube. Il y a dans les Alpes et les Pyrénées des marbres blancs qui seront sans doute adoptés pour la statuaire lorsqu'il n'y en aura plus à Carrare ; celui que l'on a découvert auprès de Grenoble est aussi de très-belle qualité.

La France est très-riche en marbres propres à l'ornementation des édifices et des appartements ; nous trouvons en Languedoc une belle espèce rayée de rouge feu, de blanc et de gris ; dans l'Hérault, le *griote* brun avec des taches rouge-cerise ; dans les Ardennes, la Bretagne, des marbres noirs ordinaires ; dans la Normandie et la Bourgogne, des variétés rouges à grandes taches.

L'albâtre est un calcaire plus dur que le marbre et d'un prix élevé ; il ne faudrait pas le confondre avec l'*albâtre gypseux*, simple variété de la *pierre à plâtre*. Celle-ci est une combinaison de *chaux*, d'acide *sulfurique* et d'*eau*, et comme l'acide sulfurique est un composé de soufre et d'oxygène, on peut dire que cette pierre est faite de chaux, de soufre, d'oxygène et d'eau.

Voici maintenant une pierre très-différente de celles que nous venons d'étudier : c'est le *grès*. Il est formé de particules de silice réduites à l'état de sable et agglomérées par un ciment également siliceux. Selon que le sable s'y trouve plus ou moins fin, plus ou moins bien aggloméré, les grès diffèrent par leur grain et leur dureté. Beaucoup sont trop friables pour servir à la construction des édifices ; cependant le grès rouge du Bourbonnais fournit de bonnes pierres d'appareil, ainsi que le grès de couleur grise de Saint-Etienne et de Carcassonne. Cette pierre est spécialement précieuse pour le pavage ; on retire les meilleures qualités de Palaiseau, de Pontoise, et surtout de Fontaine-bleau.

Il y a toute une classe de pierres que l'on nomme *schisteuses*, parce qu'elles peuvent se séparer facilement en plaques. Elles doivent cette propriété à la présence de très-minces couches de *mica* qui les partagent en feuilles ; le mica entre d'ailleurs dans leur composition, associé au quartz dans le *mica-schiste* ; à l'argile, au grès, au calcaire, dans les *schistes* argileux, le grès et le calcaire schisteux. Parmi ces pierres, plusieurs sont employées à faire des dallages ; l'*ardoise* sert à couvrir nos maisons. La France possède de riches ardoisières en Bretagne, à Grenoble, à Brive et dans plusieurs autres localités.

Jusqu'ici nous n'avons considéré les pierres qu'au point de vue de leur composition chimique et de leurs propriétés les plus saillantes. Il nous reste à les étudier sous un autre aspect. Les unes, comme le granite et ses variétés, le porphyre, les laves, ont été produites par la fusion de leurs éléments ; d'autres, comme certains grès et certains marbres, semblent résulter de l'action de la chaleur sur des sédiments formés au sein d'eaux tranquilles ou agitées ; il en est aussi dans lesquelles on ne constate que le travail de l'eau et de la pression, comme dans les argiles et les ardoises. Telles sont en effet les forces qui ont agi simultanément ou successivement pour accumuler à la surface du globe la couche solide que nous lui connaissons et sous laquelle bouillonne encore la masse incandescente qui nous révèle sa présence par les volcans, derniers soupiraux du feu central.

Mais les pierres ne sont pas dues seulement au travail du feu ou de l'eau. Les êtres vivants en ont formé et continuent d'en produire des amas considérables. Des milliards d'ouvriers, animaux et

Fig. 10. — Volcan actuel.

plantes, ont apporté leur molécule ou leur atome à l'œuvre qui semblait réservée aux forces gigantesques qui organisèrent le chaos. Détachez une pierre des pyramides, examinez-la avec soin et vous trou-

verez qu'elle est formée par l'agglomération de petites coquilles, de *nummulites*, assez semblables

Fig. 11. — Nummulites.

extérieurement à des lentilles pétrifiées, et dont
l'intérieur offre une disposition fort élégante. Le

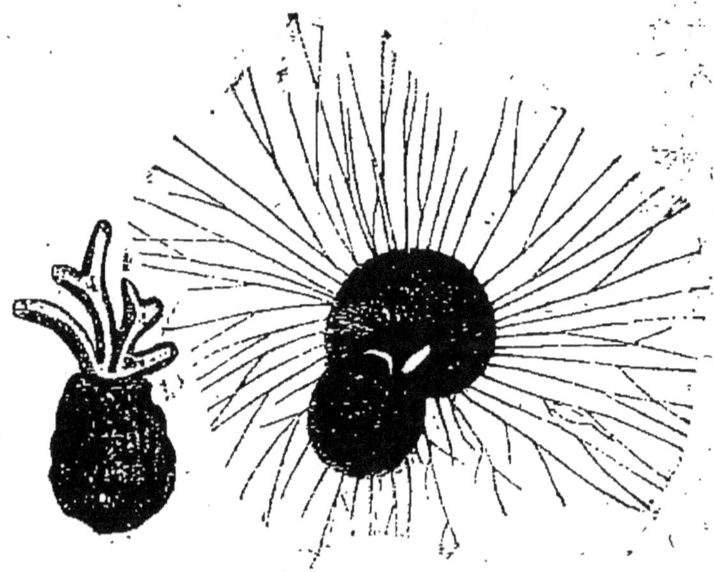

Fig. 12. — Miliole amplifiée.

calcaire grossier dans lequel on taille les moellons
de Paris est aussi un assemblage de coquilles diverses, parmi lesquelles le microscope fait distin-

guer la délicate structure des *milioles*. Lorsque
l'on examine au microscope un peu de poussière
blanche râpée sur un morceau de craie ou de blanc
d'Espagne, on est tout surpris de découvrir que
cette poudre terne consiste en élégantes carapaces
de chaux, coquillages infiniment petits, protégés
par leur ténuité même, et dont l'enveloppe forme
des couches de plusieurs mètres d'épaisseur : telle

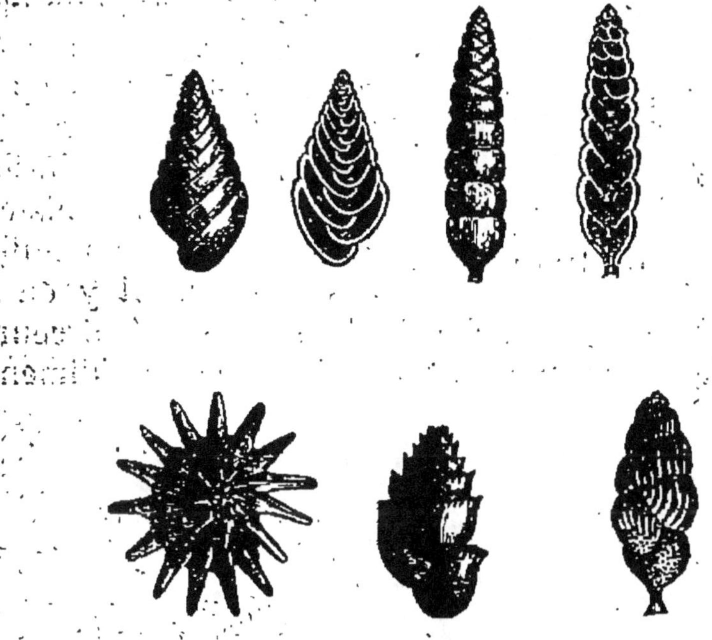

Fig. 13. — Coquilles de la craie grossies.

est la craie de Meudon et de presque tout le bassin
de Paris. La ville de Berlin est bâtie sur un banc
de ces carapaces d'animalcules microscopiques épais
de 60 pieds. Figurez-vous, si vous le pouvez, le nombre d'êtres que représente cette masse, en prenant
pour point de départ qu'il faut 1,111,500,000 de ces
coquilles pour compléter le poids d'un gramme !
Le microscope nous réserve un spectacle plus

merveilleux encore. Le vulgaire *tripoli* employé à polir les métaux est une pierre siliceuse. Si vous en

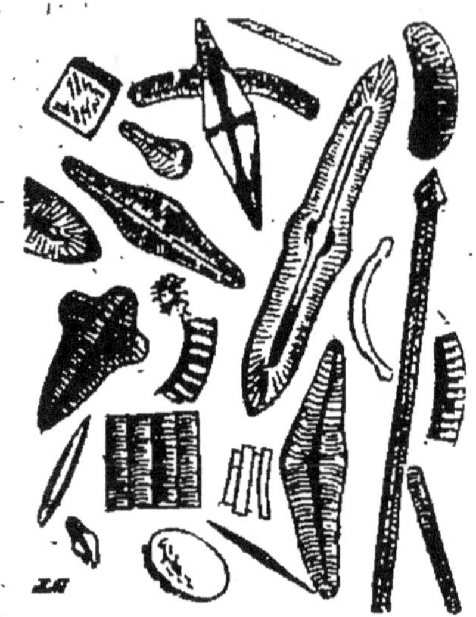

râpez un peu et le soumettez à un grossissement suffisant, vous découvrez une multitude de corps transparents aux formes symétriques, rayés, cannelés, guillochés, perlés, avec un art et une délicatesse infinis ; ce sont les squelettes de petites plantes, de *navicules*, sortes de *diatomées* que les botanistes classent dans la famille des Algues. Il y en a

Fig. 14. — Navicules du tripoli.

en Bohême une couche de 40 mètres d'épaisseur. Ce n'est pas seulement dans les couches sédimen-

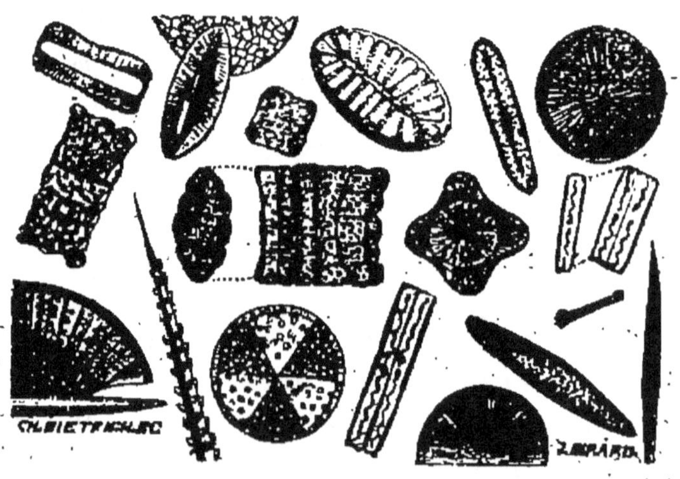

Fig. 15. — Diatomées récoltées sur un Fucus.

teuses déposées pendant les époques reculées que l'on trouve ces merveilleuses *diatomées* où la géo-

métrie et le dessin semblent avoir épuisé les combinaisons de lignes et les charmes de l'ornementation.
Les Fucus de nos côtes en offrent d'admirables
collections, et les eaux douces en contiennent aussi
bien que la mer. Les grands fleuves en déposent
des quantités immenses, incalculables, dans la vase

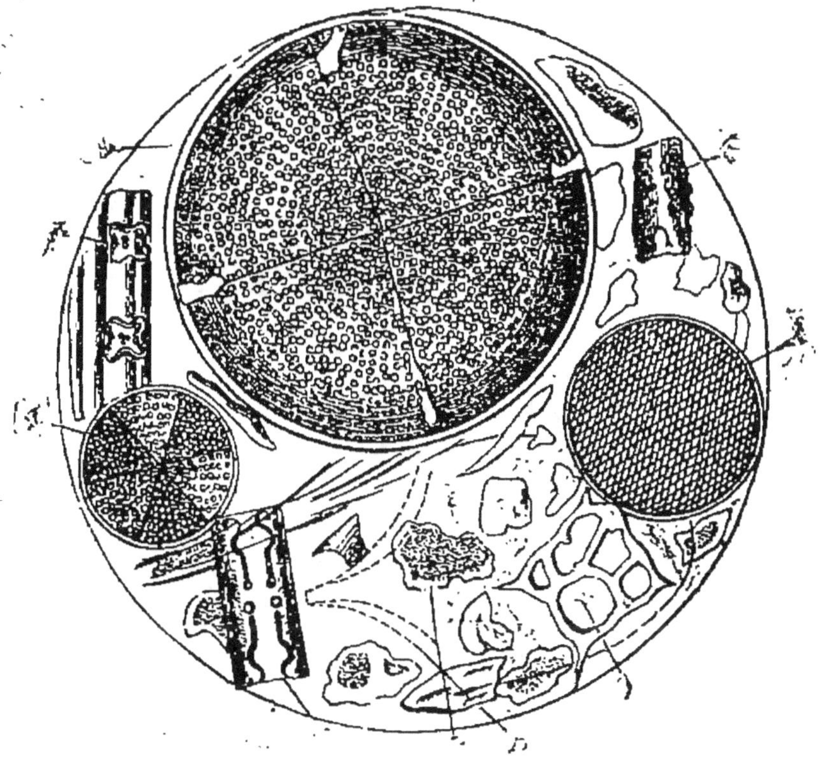

Fig. 16. — Infusoires trouvés au fond de la mer.

de leur *deltas*, et de nos jours encore certaines
mers voient leur fond s'élever graduellement par
l'entassement régulier de débris d'*infusoires* qui
formeront plus tard de véritables couches de pierre,
analogues à la craie et au tripoli.

Par cet aperçu vous pouvez comprendre qu'une
portion notable des couches superficielles de la terre
n'est autre chose que l'ossuaire de générations

sans nombre, d'êtres infiniment petits. Tandis que
des dépôts semblables se forment constamment
au fond des mers, quelque chose de plus merveilleux encore se passe dans les régions chaudes des
océans. Là, ce ne sont pas des débris, des carapaces, des squelettes qui s'entassent pour former
des bancs de pierre ; ce sont des myriades d'ou-

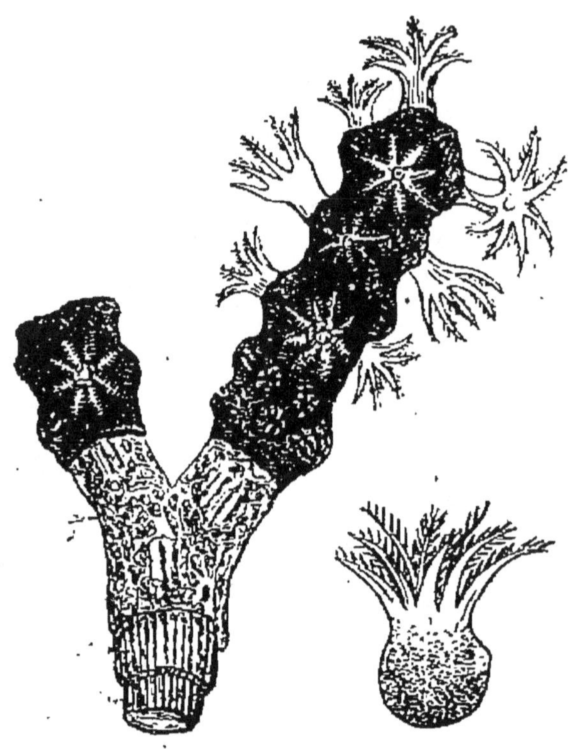

Fig. 17. — Polypes du corail grossis.

vriers, travailleurs infatigables, qui des profondeurs de l'abime élèvent jusqu'au niveau des
vagues les assises successives de gigantesques
constructions ; ce sont les polypes qui bâtissent des
îles de corail. Que les travaux des hommes paraissent mesquins et insignifiants lorsqu'on les com-
pare à ces amoncellements prodigieux ! Ces petits

êtres qui ressemblent à des fleurs vivantes, prennent à l'eau de la mer son excédant de calcaire, et après se l'être assimilé, l'avoir fait participer pour un temps à leur existence, ils font surgir des solitudes marines des îles dont la superficie actuelle dépasse 100,000 kilomètres carrés!

Les forêts de l'Allemagne croissent sur d'immenses couches de constructions pierreuses produites par les polypes contemporains des premiers âges du monde; ces calcaires, nommés *madrépores*, servent dans quelques pays, à Suez et dans plusieurs provinces de l'Amérique, à bâtir des maisons, comme nous employons le calcaire coquillier.

Maintenant que nous avons rassemblé les notions les plus indispensables concernant la nature et la composition des pierres, nous sommes préparés à aborder l'étude des terres et en particulier de la terre arable, puisqu'elles ne sont autre chose que le produit de la désagrégation ou de la décomposition des pierres.

LES TERRES

La terre arable, celle que peut entamer la bêche ou la charrue, constitue la richesse de l'agriculteur. Selon sa composition, ses qualités, il peut lui demander des produits divers. Lorsqu'il connaît les causes qui la rendent productive ou stérile, appropriée à certaines cultures, impropre à quelques autres, il se trouve à même d'attendre toujours de ses peines une juste rémunération. La première étude du laboureur devrait être celle du sol auquel il demande la nourriture et les plantes industrielles. Pour acquérir sur ce sujet les connaissances indispensables, la pratique ne suffit pas, la routine induit le plus souvent en erreur.

Il faut donc recourir à la science, à la chimie, pour apprécier la nature des terres, leurs aptitudes, leurs défauts, afin de profiter des unes et d'amoindrir les autres. Heureusement cette science agricole n'a rien d'austère et de rebutant : elle devient volontiers familière et sait parler le langage de tout le monde.

Nous venons de voir comment se sont formées les roches, les pierres qu'il nous importe le plus de connaître. Les plus dures, comme le *granite*, le *feldspath*, le *quartz*, les *laves*, doivent leur origine à l'action du feu : elles ont été fondues. Ces masses fluides ou pâteuses, en se refroidissant, durent se fendiller dans tous les sens, au moins jusqu'à une certaine profondeur, et leur surface, en contact avec l'eau, se désagrégea en petits fragments, comme on peut s'en convaincre en jetant dans l'eau une pierre rougie au feu. On connaît d'ailleurs beaucoup de substances qui changent lentement de texture sans être soumises à aucune cause active d'altération, et il semble qu'il en soit ainsi du *feldspath*, si abondant à la surface du globe. Les habitants des pentes de l'Etna savent très-bien que les coulées de lave incandescente qui recouvrent leurs vignobles lors des grandes éruptions du volcan, ne sont pas destinées à former toujours sur leur patrimoine une nappe de pierre fondue. Chacun trace de nouveau ses limites et au bout de huit à dix ans la lave se trouve suffisamment désagrégée pour permettre un commencement de culture à sa surface, qui devient peu à peu une terre où la vigne donne d'excellents produits.

Si une pierre très-dure, mais fissurée, ou une pierre naturellement poreuse, est exposée à l'humidité, puis à un froid assez vif, l'eau qui s'est introduite, dans les fentes et les interstices se congèle, et comme la glace occupe plus de place que l'eau, elle brise ou pulvérise la pierre. Ainsi des causes simples agirent sur les roches au moment même de leur formation, et continuèrent d'agir plus tard pour rendre friable, pour émietter leur surface; quelques-unes continuent leur œuvre lente de destruction.

L'argile, si répandue à la surface de la terre, est le résultat non plus d'une désintégration, d'une pulvérisation des roches, mais de leur décomposition chimique. Ainsi le feldspath, formé, comme nous le savons, de silice, d'alumine et de potasse, se décompose lentement au contact de l'air, l'acide carbonique s'unit à la potasse et le résidu, c'est-à-dire la silice et l'alumine, restent combinées; telle est l'origine de l'argile.

A une époque que la science n'a pas encore déterminée, la surface de notre planète a éprouvé un refroidissement notable, de sorte que les glaces et les neiges éternelles, confinées aujourd'hui autour des pôles et sur les plus hautes montagnes, gagnèrent énormément de terrain. Il se produisit alors ce que l'on peut encore étudier de nos jours dans les vallées qui avoisinent les glaciers des Alpes. Le fond de ces vallées est rempli de pierres de toutes tailles, charriées par les glaces : c'est ce que l'on appelle *moraines*. De plus, la masse entière des glaces perpétuelles subit un glissement, par suite duquel les roches encaissantes et le sol se trouvent usés. Cette action multiple des glaciers a pris part dans une assez notable proportion à la formation de la terre arable.

Enfin, dans le temps où les eaux recouvraient encore la plus grande partie de ce qui forme les continents actuels, les courants ont contribué puissamment à triturer, à mélanger et à répartir les matériaux de provenance très-diverse que nous trouvons aujourd'hui sur les couches demeurées intactes, et dont il est facile de les distinguer. Dans quelques terrains houillers, on voit encore debout, ensevelis sous les assises lentement accumulées à leurs pieds, des arbres témoins de ces formations antédiluviennes.

Telle est, en résumé, l'origine des terres arables anciennes. Les mêmes causes continuent d'agir sur une échelle plus restreinte. Dans les pays de montagnes, les cultivateurs sont obligés de soutenir par des murs la terre à peine suffisante aux besoins des plantes, et que l'eau des pluies entraînerait au fond des vallées ; ils ne la conservent qu'en for-

Fig. 18. — Arbres ensevelis sous des couches de terre.

mant le long des pentes une série d'étroites terrasses en gradins. Lorsque les terres ne sont pas retenues par des moyens artificiels ou par les racines enchevêtrées des arbres et du gazon, elles sont balayées par les eaux, jusqu'aux torrents qui les déversent dans les rivières et dans les fleuves. Une énorme quantité de limon est ainsi transportée par les eaux, qui en laissent déposer une partie pendant les inondations périodiques sur leurs rives et versent le reste dans la mer. C'est ainsi que se forment les *deltas* ou atterrissements à l'embouchure des fleuves. Toutefois une portion de ces matériaux se dépose au fond même des cours d'eau qui les entraînent et, leur lit se trouvant continuellement exhaussé, il devient nécessaire d'emprisonner leur cours par des digues pour les empêcher d'envahir les plaines cultivées.

Quelque complexes que paraissent ces boues, ces limons produits par la désagrégation et la décomposition des roches, il est facile de constater qu'ils sont formés de deux grandes classes de débris ou de résidus. Les roches siliceuses dures, les *quartz*, les *grès*, se sont simplement fendillées et pulvérisées ; elles n'ont produit que des cailloux et du *sable* plus ou moins fin ; les roches alumineuses, comme les *granites*, les *schistes*, altérées dans leur composition même, fournissent l'*argile*. Or le sable et l'argile ont des propriétés opposées : l'un est pulvérulent, mobile, perméable, facile à échauffer ; l'autre est plastique, tenace, lourd, résistant, imperméable et s'échauffe difficilement. A ces deux éléments principaux s'ajoutent le *calcaire*, produit par la désagrégation des roches à base de chaux, et l'*humus*, résidu des végétaux que chaque saison, chaque génération entassa dans les forêts, les prairies et dont une partie est entraînée par les eaux.

La première chose à faire pour connaître une terre, c'est de savoir dans quelles proportions s'y trouvent les quatre éléments : sable ou silice, argile, calcaire et humus. Pour cela, on recueille des échantillons dans le champ à étudier en divers points et à diverses profondeurs, on les mélange et on laisse sécher le tout jusqu'à ce que la terre garde l'empreinte de la main sans s'émietter ni s'attacher au doigt. Prenant alors un kilogramme de l'échantillon, on le lave plusieurs fois de manière à séparer l'argile du sable. L'argile est entraînée par les eaux de lavage que l'on met de côté et laisse reposer tandis que le sable reste au fond. Celui-ci est séché et pesé, puis on sèche et pèse l'argile qui s'est déposée au fond des eaux de lavage. Le sable est un mélange de silice et de calcaire ou chaux. Pour doser celle-ci, on prend une petite quantité du sable, on l'humecte avec de l'eau, puis on y verse de l'acide muriatique, nommé en chimie *acide chlorhydrique*, jusqu'à ce qu'il ne se dégage plus de gaz. L'acide forme avec la chaux un composé soluble que l'on entraîne par des lavages ; le résidu est du sable siliceux, que l'on pèse après l'avoir séché, pour voir combien il a perdu en poids, c'est-à-dire combien il contenait de calcaire. Il est bon d'opérer de la même façon sur une petite quantité d'argile desséchée, car elle contient aussi des particules de chaux. Ce procédé, qui n'est pas très-rigoureux, suffit dans la pratique. Quant à la détermination de l'*humus*, elle est assez difficile. Voici comment on peut y arriver approximativement : On lave à plusieurs eaux un kilogramme de terre, on recueille le dépôt de sable et d'argile, et on le dessèche au même degré que la terre recueillie comme échantillon : la perte de poids représente celui de l'humus qui a été entraîné par l'eau. Si l'on calcine un échantillon, on détruit également les matières *organiques* qui forment l'humus, et la perte de poids peut en faire évaluer la quantité; mais on perd en même temps une forte proportion d'eau, dont il faudrait pouvoir tenir compte.

En procédant comme nous venons de l'indiquer, on trouvera pour différentes terres des résultats aussi intéressants qu'utiles. Une terre à blé des environs de Paris a donné les proportions suivantes, calculées sur 100 parties : Argile, 80. — Calcaire, 13. — Sable, 5. — Humus, 2. Le limon de la Seine contient : Argile, 56. — Calcaire, 31. — Sable, 5. — Humus, 8. La terre de bruyère de la forêt de Sénart a fourni à l'analyse, sur 100 parties : Sable, 51. — Calcaire, 4. — Humus, 41. — Débris de végétaux non décomposés, 3. — Sels analogues à ceux des cendres 0,1.

Une fois que l'on connaît la composition d'une terre, il y a divers autres points qu'il est bon d'étudier. Selon la proportion de *sable*, d'*argile* et d'*humus*, la terre retient des quantités d'eau très-variables. Ainsi, en expérimentant sur 100 parties, on trouve que le sable siliceux absorbe 25 parties d'eau; le sable calcaire, 29; l'argile pure, 70; la terre à blé du Jura, 48; la terre de jardin, 90; l'humus, 90. La facilité avec laquelle les terres se dessèchent est à peu près en raison inverse de leur capacité d'absorption, et leur capacité d'échauffement suit une proportion presque identique. Ainsi, en désignant par 100 la capacité d'échauffement du sable calcaire, on trouve, pour le sable siliceux, 96; pour l'argile, 71; pour la terre à blé du Jura, 74; pour la terre de jardin, 65; pour l'humus, 50.

Pour savoir quelles plantes on peut cultiver dans une terre, il faut connaître, avant tout, dans quelles proportions s'y trouvent le sable et l'argile.

Celles qui sont très-riches en argile et ne renferment pas 30 pour 100 de sable, conviennent surtout à la culture de l'avoine; si elles contiennent en outre une proportion notable d'humus, le froment pourra y donner une récolte passable. Si le sable monte à 30 pour 100, l'orge réussit mieux que le froment. Lorsque l'argile et le sable se trouvent en parties égales, ou lorsqu'il y a 60 pour 100 de l'un et 40 pour 100 de l'autre, on peut attendre un bon résultat de toutes les cultures. Si la proportion de sable dépasse 60 pour 100, le sol, peu propice au froment, convient à l'orge et surtout au seigle. Les terres qui contiennent 90 pour 100 de sable sont ordinairement stériles, à moins qu'elles ne reçoivent une irrigation naturelle ou artificielle.

Jusqu'ici nous n'avons considéré les terres qu'au point de vue de leurs propriétés physiques. Poursuivant notre examen, rendons-nous compte du nombre et de la nature des éléments qui les composent. Nous savons déjà ce que c'est que le sable, l'argile et le carbonate de chaux, que nous avons dosés au point de vue physique. L'analyse nous révèle, en outre, la présence d'autres substances ; ce sont : la *magnésie*, sorte de chaux formée par le métal *magnésium* et l'*oxygène ;* l'*azotate* ou *nitrate* de *potasse*, formé par la combinaison de la *potasse* et de l'*acide azotique ;* l'*acide phosphorique* produit de l'oxydation du phosphore ; la *potasse* ; l'*ammoniaque*, due à la combinaison de l'*azote* de l'air avec le gaz *hydrogène ;* enfin l'*azote* et le *carbone*.

D'où viennent ces substances, qui communiquent au sol des propriétés très-diverses, et le rendent propre à des cultures spéciales, selon qu'elles s'y trouvent en plus ou moins grande quantité?

Nous laisserons de côté, pour le moment, la

magnésie, qui agit à peu près comme la chaux. Le *carbone* du sol lui est fourni, dans les terres vierges, par les débris des premières plantes qui, bien ou mal, trouvent toujours moyen d'y végéter quelque temps. Au contact de l'oxygène de l'air, ces débris se brûlent lentement et se convertissent en *humus*. Chaque génération de végétaux profitant des dépouilles de celles qui l'ont précédée, puise dans le sol ainsi amélioré une nourriture plus riche, et la terre s'imprègne peu à peu de ces éléments carbonés qui caractérisent, par leur abondance, les terres noires de Russie et le terreau des jardiniers.

L'origine de l'azote et des matières *azotées* dans la terre arable donne encore lieu à bien des discussions; toutefois, nous sommes à même d'établir sur des bases certaines les points les plus intéressants de cette question qui est, pour l'agriculture, d'une importance capitale. Il résulte d'expériences concluantes que les récoltes contiennent plus d'azote que les fumiers n'en fournissent à la terre. Il faut donc que les plantes puisent directement l'azote dans l'air comme elles y puisent le *carbone* sous forme d'*acide carbonique*, ou que la terre se charge d'azote de l'air pour le céder à la plante. Or, il est prouvé que les plantes ne s'assimilent pas directement l'azote de l'atmosphère. La pluie, la rosée, la neige dissolvent l'*ammoniaque* et l'acide *azotique* qui existent dans l'air en petites quantités, mais ce qu'elles peuvent apporter ainsi à la terre compense à peine les pertes produites par l'évaporation spontanée de l'ammoniaque par le dégagement d'azote des fumiers et par le lavage des nitrates que les eaux dissolvent et entraînent facilement. La terre reçoit donc de l'azote d'une autre source.

Si l'on enferme dans un flacon des débris végétaux avec de l'oxygène et de l'azote, et que l'on maintienne le tout, pendant quelques jours, à une température tiède, on s'apercevra que l'oxygène a été employé entièrement à brûler les matières végétales, à les transformer en *humus*, et qu'une partie de l'azote a été absorbée pendant cette opération. Cette expérience aussi simple que remarquable résout de la façon la plus satisfaisante la question que nous avons posée. Dans la nature, les débris de végétaux mêlés au sol sont *brûlés* lentement par l'oxygène de l'air, changés en humus, et ce travail produit la fixation d'une certaine quantité de l'autre élément de l'air, l'azote. La terre prend ainsi à l'atmosphère, et emmagasine pour la distribuer aux plantes, une quantité d'azote qui s'ajoute à celle des fumiers.

Mais pourquoi, demanderez-vous peut-être, s'intéresser tellement à cette question de l'*azote* ? Je vais vous le dire en deux mots : l'azote est la cheville ouvrière de l'agriculture. Sans azote pas de plantes nutritives, capables de se transformer en viande; produire l'azote à bon marché sous forme de céréales ou de légumineuses, voilà le grand problème dans lequel se résument tous les travaux de cultivateur. C'est pour cela que je réclame sur ce sujet encore un peu de patience et d'attention.

Saussure croyait que les plantes se nourrissent directement des matières solubles du terreau; Liebig dit que le terreau ne leur fournit que de l'*acide carbonique* et des *nitrates*. En présence d'assertions si opposées, dont l'une est en désaccord avec la pratique journalière, on a fait des expériences systématiques d'où l'on tira les conclusions suivantes : *Si l'on ajoute au sol les substances minérales qui forment les cendres du blé, on n'aug-*

mente pas le rendement ; celui-ci s'accroît, au contraire, en proportion de la quantité d'ammoniaque (combinaison de l'azote) *que l'on introduit dans la terre.*

La plupart des éléments du sol s'y trouvent à l'état insoluble, et ne peuvent être absorbés par les plantes avant d'avoir subi une transformation qui s'opère trop lentement pour fournir aux besoins de nos cultures rapides ; les matières azotées du sol ne contribuent donc que dans une faible proportion à la nourriture des végétaux, et ceux-ci, *consultés* après les savants, ont été de cet avis.

La terre renferme les éléments des nitrates, tels que nous les voyons agir dans les nitrières artificielles : des substances organiques azotées se brûlent au contact de l'oxygène de l'air, il se produit de l'acide nitrique et celui-ci s'unit à la potasse ou à la chaux pour former des nitrates de chaux ou de potasse. L'acide phosphorique (combinaison de phosphore et d'oxygène) existant dans beaucoup de roches volcaniques, sa présence dans le sol pourrait être attribuée à la décomposition de ces roches : on le trouve souvent uni à la chaux, en masses considérables que l'on exploite comme engrais.

La potasse à l'état soluble est fournie à la terre par la décomposition des roches, mais il peut arriver que certaines cultures en demandent plus que le sol n'en rend soluble dans un temps donné ; c'est ce qui explique l'effet des engrais qui peuvent lui procurer cet alcali.

Disons enfin, pour terminer cette analyse des terres, qu'elles contiennent une quantité notable d'air, sans lequel la germination ne pourrait avoir lieu, et qui fournit aussi son oxygène aux décompositions lentes des éléments minéraux du sol, ainsi qu'à la combustion des matières organiques, préparant, par cette double série d'actions, les éléments nécessaires à la nutrition des végétaux.

Les principes que nous avons établis et les observations que nous avons relatées nous mettent à même d'apprécier ce qui peut rendre les terres fertiles ou les frapper de stérilité.

Nous n'avons pas à développer ici les questions relatives au climat, qui sortiraient de notre sujet spécial.

L'aménagement des eaux est une question capitale en agriculture : dans certaines provinces, elle prime toutes les autres. Trop abondante, l'eau transforme le meilleur terrain en un marécage improductif ; trop rare, elle ne permet pas aux plantes de se développer : dans le premier cas il faut recourir au drainage ; dans le second, aux irrigations. Autrefois les landes de Gascogne formaient un désert stérile et malsain ; pendant l'hiver, les eaux pluviales, ne pouvant pénétrer à travers le sous-sol imperméable, se répandaient sur toute la campagne ; durant l'été, le desséchement de ces terres donnait naissance à des effluves morbides, et les rares habitants de ce pays désolé étaient tous en proie aux fièvres d'accès. Depuis qu'un drainage systématique a donné aux eaux un écoulement régulier, on a pu semer dans le sable presque pur de ce terrain ingrat des pins et des chênes qui réussissent fort bien.

Dans nos départements du Midi, il serait facile d'obtenir en grains et en fourrages des récoltes aussi abondantes que celles des provinces du nord, si l'on distribuait en Provence les eaux des Alpes et dans le bassin de la Garonne celles des Pyrénées. L'avenir de nos possessions algériennes est tout entier dans l'irrigation : le sable du désert se transforme en verte oasis aussitôt qu'on lui fournit l'humidité nécessaire.

Il y a des terres calcaires dont la composition, pour 100 parties, est celle-ci : Carbonate de chaux, 64. — Sable, 27. — Argile, 6. — Divers, 3. — Un pareil sol est absolument stérile, par suite de la prédominance trop grande de la chaux. Il en est de même d'un sol argileux composé comme suit : Argile, 80. — Oxyde de fer et alumine, 11. — Matières organiques humides, 8. — Divers, 1.

La profondeur de la terre arable joue un grand rôle dans sa fertilité, et, à composition égale, la couche la plus épaisse est toujours la plus productive, parce que les racines peuvent s'étendre plus loin et qu'elles profitent des produits de la décomposition lente d'une plus grande quantité de matériaux. Voilà pourquoi il y a presque toujours avantage à attaquer le sous-sol pour le faire participer peu à peu à la nature du sol, même si cette pratique retarde la mise en valeur, comme on le constate pour les terres argileuses. Toutefois les labours profonds ne remplissent le but que l'on a en vue que si l'on dispose d'une suffisante quantité de fumier et si l'on donne à la terre toutes les façons qu'elle réclame.

Il y a pour la terre de véritables poisons qui n'y laissent croître aucune récolte, parfois même aucune herbe sauvage. Le sulfate de fer est dans ce cas : s'il se trouve dans la proportion de 1 pour 1000 dans la terre la meilleure sous tous autres rapports, il sera difficile d'en tirer parti ; si la quantité s'élève à 5 pour 1000, la stérilité devient absolue. Un chaulage énergique, en décomposant le sulfate

de fer, remédie complétement au mal; il se forme
un *sulfate de chaux* et un *carbonate de fer* inof-
fensif.

Dans une terre sèche ou susceptible de se dessé-
cher accidentellement, une proportion de 1 pour 100
de sel marin empêche de réussir toute culture de
céréales ou de plantes fourragères; mais si le sol
reste constamment humide, il faut 2 pour 100 de
sel pour le rendre improductif. Aussi les terres
conquises sur la mer ou sujettes à être inondées
par l'eau salée ne rapportent qu'après avoir été
dessalées par les pluies ou l'irrigation; c'est ce qui
a lieu pour les *polders* ou lais de mer.

Nous verrons dans un autre chapitre comment
l'homme intervient dans l'œuvre de la nature, pour
amender et fertiliser les terres, les rendre propres
aux diverses cultures que nécessitent les besoins
ou l'industrie de chaque région. Il y a des pays
privilégiés où l'agriculture ignore les labeurs et
les fatigues au prix desquels il faut gagner, dans
nos climats, les bonnes grâces d'un sol souvent
rebelle. Constatons toutefois que dans la zone
tempérée le sol le plus ingrat en apparence peut
être transformé par le travail si l'on se conforme
aux indications de la science.

LES EAUX

L'eau était considérée par les savants d'autrefois comme un *élément*, c'est-à-dire comme une substance non susceptible de décomposition. Ils se basaient sur l'inaltérabilité de ce liquide en se soli-

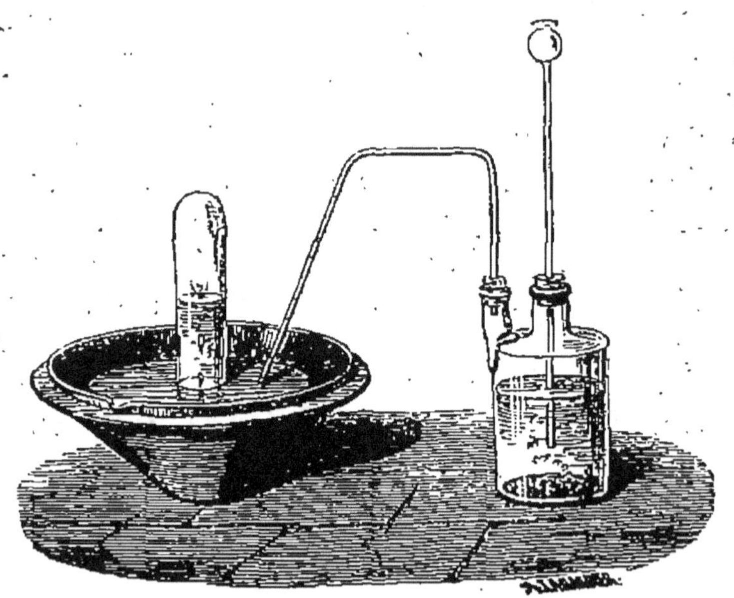

Fig. 19. — Décomposition de l'eau.

difiant, en se vaporisant et en reprenant sa forme première après l'avoir perdue sous l'action de la chaleur ou du froid.

De même que nous avons dans l'air un *mélange* de plusieurs gaz, si nous soumettons l'eau à l'analyse, nous constaterons qu'elle est due à la *combinaison* de deux gaz, dont l'un, *l'oxygène*, nous est déjà familier. Le moyen le plus simple de décomposer l'eau est celui-ci : On prend un flacon à deux cols ou tubulures, on y dépose de la grenaille ou des rognures de zinc, puis, au moyen d'un tube à entonnoir qui traverse le bouchon et descend presque jusqu'au niveau du zinc, on verse sur le métal un mélange d'eau et d'*acide sulfurique*. Un tube partant de l'autre col se recourbe de manière à s'ouvrir sous une *éprouvette* pleine d'eau renversée dans un vase contenant un peu de ce liquide. Aussitôt que le mélange acide entre en contact avec le zinc, l'eau se trouve décomposée, son oxygène s'unit au métal et un gaz s'échappant par le tube recourbé vient remplacer l'eau dans l'éprouvette renversée : ce gaz est appelé *hydrogène*, de deux mots grecs qui signifient faiseur d'eau. Si on l'enflamme, il brûle avec une lumière bleuâtre trèspâle. Il est quatorze fois plus léger que l'air, et cette propriété l'a fait employer à gonfler les aérostats.

A propos de la découverte de l'oxygène par Lavoisier, nous avons vu que ce savant, après avoir séparé les éléments de l'air avait cherché à reconstituer le mélange pour s'assurer des résultats de l'analyse. L'eau étant formée d'oxygène et d'hydrogène, pourrons-nous reconstituer de l'eau en prenant une certaine quantité de ces deux gaz? Si l'eau était, comme l'air, un simple mélange, rien ne serait plus facile ; mais c'est une *combinaison*, les éléments sont *unis chimiquement* et il faut recourir à un artifice pour obtenir leur union artificielle. Voici une manière aussi simple que concluante de faire la *synthèse* de l'eau. Prenez le flacon qui nous a servi tout à l'heure à produire de l'hydrogène et disposez le tube recourbé de manière à l'engager dans la partie inférieure d'une éprouvette à pied pleine d'une substance avide d'eau, le *chlorure de calcium*, où l'hydrogène se desséchera parfaitement. Adaptez à la partie supérieure de l'é-

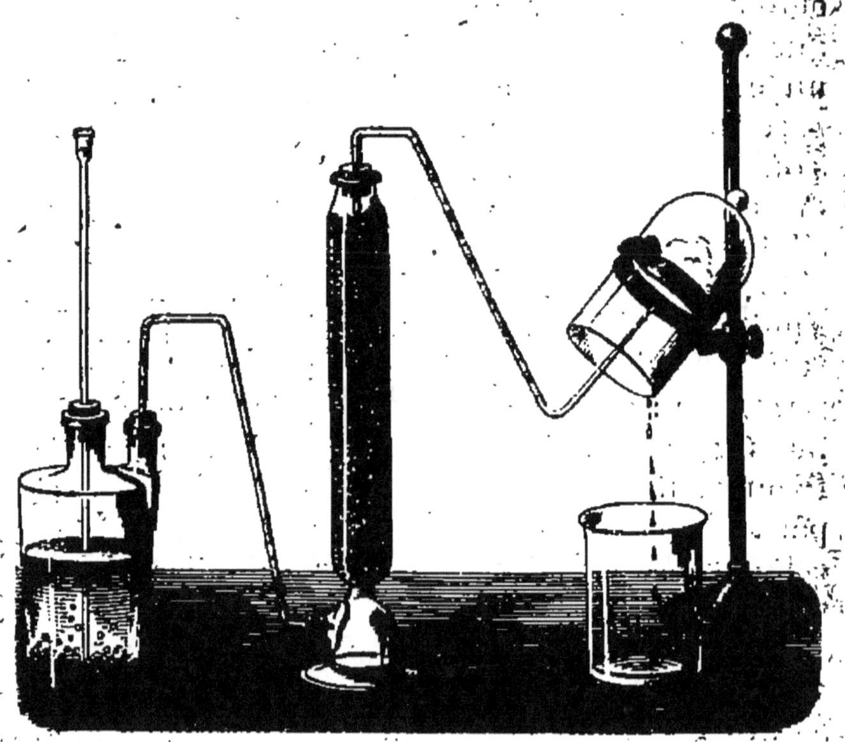

Fig. 20. — Synthèse de l'eau.

prouvette un tube terminé en pointe et recourbé de manière à s'engager sous une cloche de verre soutenue par un pied mobile. Tout étant ainsi disposé, et l'hydrogène s'échappant par l'extrémité effilée du tube, enflammez-le. Pour brûler, il a besoin d'oxygène, source de toute combustion ; il l'emprunte à l'air, et, en brûlant, s'unit intimement à ce gaz, pour former de l'eau à l'état de vapeur. Celle-ci, refroidie au contact de la cloche de verre, s'y condense et tombe en gouttes dans un récipient. Si nous avions disposé l'expérience de manière à mettre en rapport deux parties, en volume, d'hydrogène et une partie d'oxygène, les deux gaz se seraient combinés sans aucun résidu, car ils se seraient trouvés dans la proportion exacte où ils existent dans l'eau.

Les masses énormes d'eau qui recouvrent la plus grande partie de la surface de la terre ont été formées, à l'origine, par la combustion de l'hydrogène dans l'oxygène, et les vapeurs ainsi produites sont retombées sur la terre lorsqu'elle a été suffisamment refroidie. Telle est l'origine de l'eau.

Nous avons expliqué, dans *la Physique des Champs*, le rôle de l'eau dans l'atmosphère et noté les applications les plus importantes de ses propriétés physiques : nous nous en occuperons maintenant au point de vue de sa composition.

L'eau que nous venons de fabriquer en brûlant de l'hydrogène est chimiquement pure, comme celle que l'on obtient au moyen de distillations faites avec soin ; mais, dans la nature, l'eau ne s'offre jamais à nous dans cet état de pureté parfaite. Celle qui s'en rapproche le plus est l'eau de pluie recueillie à la fin d'une averse prolongée qui a d'abord entraîné presque toutes les impuretés de l'atmosphère. Nous allons voir d'ailleurs que si l'eau à la surface de la terre avait la pureté de l'eau distillée, elle remplirait mal les fonctions très-importantes et très-multipliées qui lui ont été assignées dans le plan de la création.

L'eau entre pour une part énorme dans la composition des êtres organisés, plantes ou animaux. Un kilogramme d'herbe séché entièrement dans une étuve ne pèse plus que 200 grammes : il a perdu

800 grammes d'eau, et il en perdrait encore si on le calcinait. Un homme pesant 60 kilogrammes n'en pèse guère plus de 12 après avoir été soumis à une dessiccation complète.

Pour réparer les pertes d'eau que subit constamment notre corps, nous sommes obligés d'en ingérer chaque jour une quantité considérable ; il est donc intéressant et utile de nous rendre compte des propriétés de l'eau considérée comme boisson. Pour cet usage, l'eau distillée est la plus mauvaise, parce qu'elle ne contient pas en dissolution de l'air et de l'acide carbonique comme les eaux de source ou de rivière. On peut, il est vrai, remédier à ce défaut en l'agitant au contact de l'air : toutefois elle aura encore un désavantage, celui de ne pas contenir de chaux, à l'état de carbonate, comme les bonnes eaux potables naturelles ; il serait donc utile, à bord des navires où l'on ne boit que de l'eau distillée, d'y ajouter une petite quantité d'un sel de chaux en même temps qu'on la soumettrait à un battage énergique. L'eau de pluie est suffisamment aérée, mais elle manque aussi des principes minéraux qui la rendent plus agréable et plus utile comme boisson.

Les eaux de source sont d'ordinaire suffisamment aérées, et leur limpidité plaît à l'œil, comme leur goût est agréable au palais. Malgré leur transparence cristalline, elles sont loin d'être chimiquement pures. Si vous faites évaporer sur une plaque de verre quelques gouttes de la plus belle *eau de roche*, vous verrez qu'elles ont laissé une couche de résidu plus ou moins opaque. Généralement les eaux de source sont plus chargées de principes minéraux que celles des rivières ; elles peuvent même en contenir des quantités considérables sans être bien nuisibles à la santé. Ainsi l'eau d'Arcueil, qui ne semble pas malsaine, contient dans 10 litres plus de 5 grammes de substances minérales, parmi lesquelles le carbonate de chaux figure pour 1 1/2 gramme et le sulfate de chaux pour une quantité peu inférieure. L'eau de la Seine, à Paris, renferme en dissolution, par 10 litres, un peu plus de 4 grammes de minéraux, dont 2 grammes 3 décigrammes de carbonate de chaux ; mais on n'y trouve presque pas de sulfate de chaux.

La Garonne et la Loire contiennent une notable quantité de silice, moins d'un gramme de carbonate de chaux par 10 litres et pas de sulfate de chaux.

S'il est vrai que la présence d'une faible quantité de carbonate de chaux rende les eaux plus agréables à boire et même plus hygiéniques, il n'en est pas ainsi du sulfate de chaux, dont la présence constitue les eaux dites *crues*. Dans les villes qui disposent, selon les quartiers, d'eaux *douces* et d'eaux *crues*, il est souvent facile de constater une différence correspondante dans l'état sanitaire habituel. D'ailleurs les eaux crues, qui dissolvent mal le savon, sont mauvaises pour la cuisson des légumes secs : elles déposent à la surface une incrustation qui retarde la pénétration du liquide. Les eaux de Belleville à Paris contiennent, par 10 litres, 25 grammes de résidu, dont 11 grammes de sulfate de chaux.

Les eaux de puits renferment d'ordinaire plus de sels calcaires que celles des rivières ; elles sont moins aérées, et le plus souvent elles se trouvent souillées par des infiltrations du sol. Les puits des grandes villes sont infectés par les parties solubles que les eaux enlèvent aux immondices, aux matières en putréfaction ; dans les campagnes il arrive fréquemment qu'un puits situé près des fumiers ou des étables reçoit à travers le sol des liquides qui rendent son eau impropre aux usages domestiques.

De telles eaux peuvent être limpides malgré leur corruption, parce qu'elles sont soumises, dans la terre, à une filtration qui arrête les impuretés solides ; mais mieux vaudrait boire une eau bourbeuse que ces liquides trompeurs. Si on abandonne

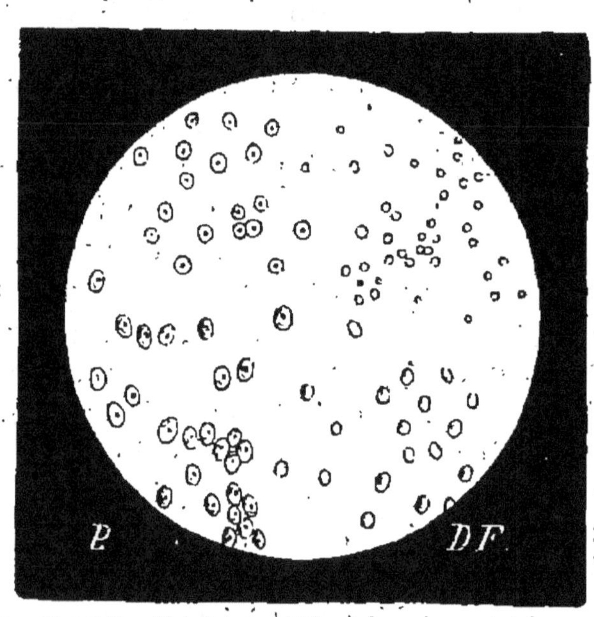

Fig. 21. — Monades.

au repos dans une carafe un peu de cette eau souillée, mais claire, il s'en dégage, au bout de quelque temps, une odeur qui peut donner une idée de ses propriétés malfaisantes.

Quant aux eaux stagnantes, aux mares, aux marécages, aux fossés qui reçoivent constamment des détritus de matières organiques, ce sont des foyers de corruption ; il s'en dégage des vapeurs miasmatiques, cause d'épidémies, et des germes qui prodüisent les fièvres paludéennes. Leur eau comme boisson n'est pas moins malsaine pour les animaux que pour l'homme.

Si l'on examine au microscope une goutte d'eau prise dans une mare, on y voit des myriades de petits corps globulaires, premiers êtres vivants qui naissent dans l'eau corrompue et que l'on appelle *monades*; des *rotifères*, qui se meuvent rapide-

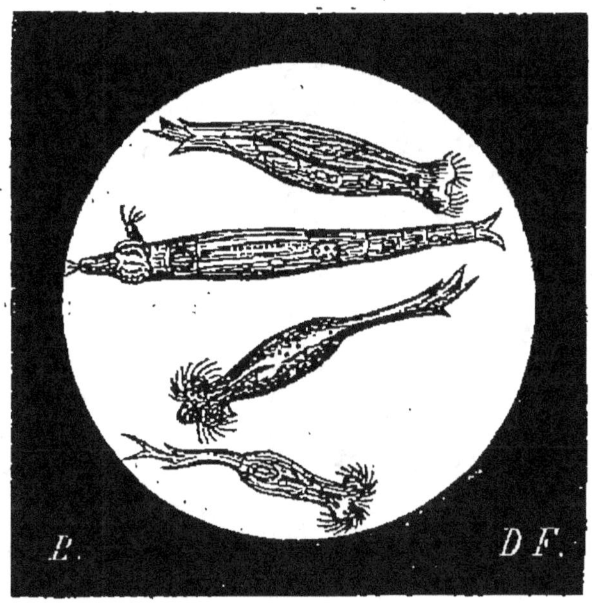

Fig. 22. — Rotifères.

ment au moyen de deux appareils semblables aux roues d'un bateau à vapeur. Ces êtres étranges s'agitent à travers les encombrements d'une végétation proportionnée à leur taille, composée de *conferves*, sortes d'*algues* d'eau douce, dont l'organisation et les formes sont tout à fait différentes de celles des plantes que nous sommes habitués à étudier. Voilà ce que nous buvons avec l'eau impure.

S'il est utile que l'eau employée en boisson, dans

les circonstances ordinaires, ne contienne en dissolution que de l'air, un excès d'oxygène, comme les eaux bien aérées, et un peu de carbonate de chaux, il peut être avantageux d'avoir sous la main des sources chargées de substances diverses capables d'agir sur l'économie comme des remèdes. A ce point de vue, les sources d'eaux dites *minérales* sont utiles à connaître et à étudier. L'emploi de ces breuvages dans lesquels la nature a dissous des métaux, des terres, des gaz, est devenu fort à la mode, et l'on est peut-être trop généreux quand on attribue à leur usage un grand nombre de guérisons dans lesquelles le changement d'air et de régime, le repos de l'esprit et l'exercice du corps, l'influence

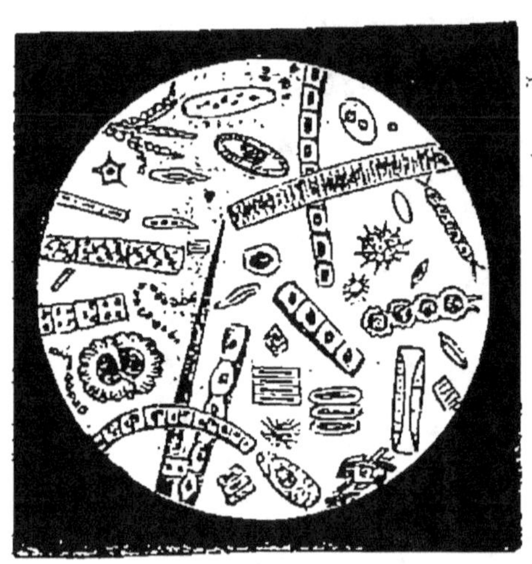

Fig. 23. — Conferves dans une goutte d'eau.

d'un bon climat et d'une belle nature, auraient droit de revendiquer le mérite du résultat. Dans beaucoup de cas aussi, une préparation simple et peu coûteuse rendrait les mêmes services que les eaux que l'on va chercher loin au prix de beaucoup de temps et d'argent. Il faut toutefois reconnaître que certaines sources minérales possèdent des vertus thérapeutiques indiscutables et dont la pharmacie n'a pas encore trouvé l'équivalent à tous égards. Remarquons d'ailleurs que, si la science moderne peut analyser ces eaux bienfaisantes, expliquer leur mode d'action, et souvent les imiter, elles rendent des services non moins importants là où la chimie est inconnue, et où l'homme demande à la seule nature de quoi satisfaire ses besoins et soulager ses maux.

Notons en peu de mots les différentes classes d'eaux minérales en nous basant sur leur composition. Les eaux salines, comme celles de Bourbonne-les-Bains, ne contiennent pas de gaz, mais divers sels, comme le *chlorure de sodium* (sel marin) et le *chlorure de calcium*. Les eaux gazeuses, non acides, celles de Bagnères-de-Bigorre, tiennent seulement en dissolution de l'azote et de l'oxygène en proportions variables : ce sont les moins énergiques. Les eaux de Pougues (Nièvre) et de Seltz sont acidulées par de l'acide carbonique; celles de Chaudes-Aigues (Cantal) et l'une des sources de Plombières doivent leur alcalinité à la soude ou à l'ammoniaque à l'état de *carbonates*. Les sources de Bussang, de Forges, de Spa, contiennent du *carbonate de fer;* celles de Bagnères-de-Luchon, Barèges, Aix, sont imprégnées de soufre sous la forme d'*hydrogène sulfuré,* seul ou combiné avec d'autres substances.

Les sources qui ne tiennent en dissolution que du sel commun, nommé par les chimistes *chlorure de sodium,* méritent une mention à part. Ce ne sont point des eaux minérales au point de vue médical, mais l'industrie en retire, par évaporation, le sel, si utile à l'homme et aux animaux. Les eaux d'infiltration rencontrant, dans l'intérieur de la terre, des masses de *sel gemme* qui s'y trouve à l'état de pierres translucides, le dissolvent et l'apportent ainsi à la surface ou l'entraînent directement à la mer par la circulation souterraine.

Lorsque des cours d'eau ainsi chargés de sel se déversent dans des dépressions du sol et ne trouvent ensuite qu'une issue insuffisante, ils forment des lacs dont la salure va toujours augmentant parce que l'évaporation concentre la solution plus rapidement qu'elle n'est diluée par les pluies. C'est ainsi que se sont formés la plupart des lacs dont l'eau offre de l'analogie avec celle de la mer. Le lac Salé,

Fig. 24. — Le lac Salé.

dans le pays des Mormons (Etats-Unis), contenait il y a quelques années 110 grammes de sel par litre d'eau, tandis que l'eau de mer renferme seulement 4 pour 100 de sels. Mais depuis que le pays, autrefois désert et nu, s'est couvert de cultures et de plantations, les pluies sont devenues plus abondantes, le lac a recouvert un plus grand espace et ses eaux n'offrent plus le même degré de salure. Si les sources qui fournissaient l'eau salée à un réservoir de ce genre se trouvent taries, et que le climat dé la contrée devienne plus sec par suite des déboisements, il peut arriver que toute l'eau s'évapore et laisse à la place du lac un vaste dépôt de sel.

Nous avons en France, dans le Puy-de-Dôme, et dans d'autres localités, des sources chargées d'acide carbonique grâce auquel elles retiennent en dissolution une grande quantité de carbonate de chaux ; lorsque l'eau s'écoule à la surface du sol, le gaz s'échappe lentement, et le calcaire se précipite. Si l'on plonge dans ces eaux des branches d'arbres, des paniers de fruits, des nids d'oiseaux, ces objets se trouvent, au bout de quelque temps, recouverts d'une mince couche de pierre. On appelle ces eaux *incrustantes :* elles ne convertissent pas en pierre, comme on le dit parfois, les objets qui s'y trouvent immergés, mais y déposent une sorte de vernis calcaire. Il y a en Asie une source de ce genre, très-abondante, qui se fait jour au sommet d'une montagne, et laisse déposer sur les pentes des masses de calcaire disposées en gradins irréguliers, qui ressemblent à une gigantesque cascade de pierre blanche. De même il existe en Italie des bancs de marbre, actuellement exploités pour les constructions, qui ont été formés depuis le temps des Romains, par le carbonate de chaux, que des eaux minérales ont déposé dans des bassins naturels.

Les eaux de cette espèce ne conviennent pas aux cultures, surtout si elles sont chargées de sulfate de chaux en même temps que de carbonate. Elles produisent, en effet, autour des *radicelles* des plantes une incrustation qui bouche leurs pores et les empêche de puiser dans le sol leur nourriture. Lorsque l'on est forcé d'employer, pour l'arrosage ou pour l'irrigation, des eaux qui présentent cet inconvénient, il faut les aérer autant que possible, pour provoquer un dépôt rapide avant qu'elles ne s'infiltrent dans le sol, les mélanger d'eaux douces, ou y ajouter quelques centièmes d'urine putréfiée. Ce dernier moyen sera surtout pratique et avantageux dans la culture maraîchère.

Ce que nous venons d'apprendre au sujet des eaux incrustantes explique aussi la formation, dans les grottes, des pendentifs, des colonnes, des bassins, dont la nature embellit son architecture souterraine : les eaux de pluie s'infiltrant à travers un terrain calcaire en dissolvent une petite quantité, grâce à l'excès d'acide carbonique dont elles se sont imprégnées, et leur évaporation lente laisse déposer la pierre dans les excavations creusées par des cours d'eau souterrains.

Puisque les eaux sont susceptibles de dissoudre, non-seulement des matières provenant de la décomposition des végétaux, mais aussi des minéraux et des gaz, elles doivent apporter au sol, partout où elles tombent en pluie, partout où elles coulent, s'étendent ou s'infiltrent, des éléments dont la présence peut être nuisible ou favorable aux cultures. Nous savons déjà que la rosée, la pluie, la neige, fournissent au sol de l'ammoniaque et de l'acide nitrique, deux sources précieuses d'azote. Examinons maintenant le rôle des irrigations à ce point de vue spécial.

Le temps viendra sans doute où, mettant à profit les forces perdues de la nature, la chaleur du soleil, les vents, le mouvement des vagues et le courant des fleuves, on élèvera les eaux sur les plateaux, pour les distribuer régulièrement aux cultures et ne laisser couler vers la mer que l'excédant des besoins agricoles. Une fois l'irrigation systématisée, le rendement de la terre sera doublé et les récoltes se succéderont à l'abri des vicissitudes de l'atmosphère. Obtenir de l'eau dont nous disposons le maximum d'effet utile, en compléter l'étude et ne rien laisser perdre de ce qui peut être employé comme engrais, telle est la tâche des savants et des particiens de l'avenir.

Il y a deux manières d'utiliser l'irrigation : comme moyen de fournir strictement aux plantes la quantité d'eau dont elles ont besoin pour acquérir un développement normal et parcourir les phases de leur existence; comme moyen de procurer à la terre des éléments propres à l'enrichir. Dans le premier cas, on n'emploie que des quantités d'eau assez restreintes, comme on le voit pratiquer par les agriculteurs du midi de la France et ceux de l'Algérie ; dans l'autre, on met en œuvre des masses d'eau énormes : c'est le mode adopté dans nos départements de l'Est et du Nord.

Voyons d'abord ce qui se passe dans le midi de de la France. L'eau d'irrigation, qui contient en moyenne 16 grammes d'azote par 10,000 litres, apporte annuellement, dans un hectare de prairie, 24 kilogrammes d'azote ; la fumure en fournit environ 122 kilogrammes, soit en tout 146 kilogrammes. Le foin récolté contient à peu près 184 kilogrammes, d'azote ; par conséquent, l'eau et le fumier sont en déficit de 38 kilogrammes de cette substance qui sont fournis par les matériaux du sol. La culture des légumes donne un écart beaucoup plus considérable. Il est donc évident que l'eau employée dans des proportions restreintes, par exemple de 13 à 14,000 mètres cubes par hectare, donne des résultats insuffisants.

Dans le Nord et l'Est, des expériences ont été faites sur une prairie qui recevait des quantités énormes d'eau, reparties plus abondamment en hiver qu'en été. En comparant, comme pour les expériences exécutées dans le Midi, la quantité d'azote contenue dans l'eau à son entrée et sa sortie, on est arrivé aux résultats suivants : quantité d'azote fournie par l'eau : 261 kilogrammes. En procédant ainsi, non-seulement on n'a pas besoin de fumure, mais on accumule dans le terrain un excédant d'azote.

Dans nos provinces méridionales l'eau n'apporte aux plantes que l'humidité indispensable à leur vie et une petite quantité de matière fertilisante ; dans les régions du Nord, l'eau devient une véritable source d'engrais.

On peut prévoir que les différents cours d'eau contenant des quantités variables de matières minérales et organiques, leur effet doit être fort différent. C'est ce que la pratique vérifie chaque jour. Ce n'est ni la quantité ni la nature des minéraux ou des gaz dissous dans l'eau, ni même l'abondance des matières organiques, qui lui donnent sa valeur comme *engrais*, mais la proportion d'azote contenue dans les matières organiques, et celle-ci peut varier, pour des sources assez rapprochées, de 2 à 6 pour 100.

Ce n'est donc pas seulement au point de vue de l'arrosage que l'eau, savamment aménagée, est appelée à augmenter les produits du sol : elle cède à la terre un engrais précieux et améliore le fonds, et par conséquent lui donne une valeur plus considérable.

LA VIE

Par de patientes recherches, l'homme est parvenu à connaître les forces qui agissent sur le
monde ; il a découvert les lois auxquelles obéissent
les astres dans leur course éternelle, mesuré la distance qui les sépare de nous, calculé leur vitesse,
prédit à jour fixe le retour à un point donné de
ceux mêmes qui semblaient devoir échapper à ses
supputations. Bien plus, après avoir pesé, par le
calcul, les globes immenses de notre système so-
laire, y compris celui que nous habitons, l'homme
est allé jusqu'à faire l'analyse de la matière des
étoiles.

Sur la terre, la physique nous a révélé les propriétés de la lumière, de la chaleur, de l'atmosphère ; la chimie nous permet de découvrir la
composition de l'air, de l'eau, et des matières qui
composent le sol.

Pour le chimiste, l'air n'est qu'un mélange d'oxygène, d'azote, d'acide carbonique et de quelques
autres gaz ; il sait composer artificiellement un mélange identique. Après avoir constaté que l'eau est
une combinaison d'hydrogène et d'oxygène, il fait
au moyen de ces deux gaz un liquide exactement
semblable à celui qui constitue la pluie. Avec du
silicium et de l'oxygène on peut imiter cette pierre
compacte et dure, le silex, communément appelé

pierre à fusil ; on retire d'un morceau d'argile un métal blanc et léger, l'*aluminium*, et par une combinaison nouvelle du métal et de l'oxygène on pourrait former de nouveau une vulgaire motte de terre.

Il semble donc que la nature n'ait pas de secrets pour la science, que des recherches systématiques nous révèlent ses forces, leurs lois, leur mode d'action ; nous découvrent la composition intime de tout ce qui existe, et nous permettent même, comme preuve de la vérité de nos assertions, d'imiter en petit sa puissance créatrice en recomposant par la *synthèse* les objets que nous avons désagrégés par l'*analyse*.

Mais tous les exemples que nous venons de citer se rapportent à des choses inanimées : réussirons-nous aussi bien si nous appliquons les mêmes méthodes à l'examen des êtres vivants ? Pouvons-nous analyser une plante comme un minéral ? Après nous être assurés de sa composition, nous sera-t-il possible de réunir les éléments que nous aurons séparés, de manière à reconstituer l'être que avons soumis à l'expérience ? Nous savons faire de l'air, de l'eau, de la pierre : réussirons-nous à produire une feuille, un brin d'herbe ?

Donnez à un chimiste dix, cent plantes aussi diverses que possible, racines, feuilles, bois, graines, fleurs, écorces, et demandez-lui de les analyser. Le résultat de l'expérience sera invariablement celui-ci : *oxygène, hydrogène, carbone* et *azote*, plus de très-petites quantités de matières minérales : *potasse, silice, phosphore, fer,* etc. Les éléments des plantes sont donc peu nombreux, très-bien définis, aisément séparés et pesés ; mais, une fois séparés, il est impossible de les réunir sous leur forme première : le savant n'a jamais pu créer ni reconstruire une plante, pas même ces ébauches du règne végétal, la *palmelle* qui couvre d'une couche verdâtre la base des murailles, ou le *nostoc*

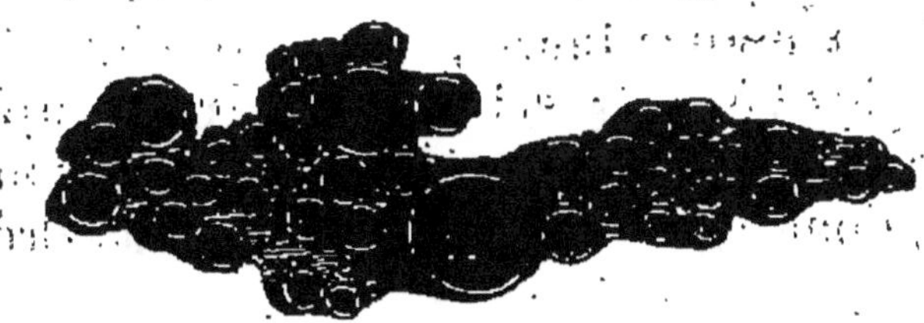

Fig. 25. — Palmelle grossie.

qui croît subitement, à l'automne, pendant les jours humides, sur le bord des chemins ou dans les allées des jardins. Et cependant leur organisation est bien simple. La palmelle n'est qu'un assemblage de *cellules* de taille variable, retenues dans une *gangue*

Fig. 26. — Nostoc.

ou enveloppe sans forme déterminée ; le *nostoc* est une masse gélatineuse, verdâtre, plissée irrégulièrement, qui renferme de nombreux filaments composés de globules formant chapelet. Ces êtres si peu compliqués, qui occupent le dernier rang dans la famille des végétaux, défient néanmoins les efforts de la science pour produire quelque chose d'analogue avec les matériaux dont ils sont constitués. Si humbles que soient ces premières existences, elles portent en elles une force qui les distingue de la nature inerte, et qui oblige l'intelligence la plus fière, la science la plus complète, à s'incliner devant l'inexplicable et inimitable mystère de la vie, dont le secret n'appartient qu'au Créateur.

Fig. 27. — Chapelets contenus dans le nostoc.

La vie, la force vitale, telle est la cause, à jamais inconnue dans sa nature et dans son mode d'action, qui unit les éléments de l'air et du sol pour en faire un être qui croît, se métamorphose et se reproduit : les animaux et les plantes ne contiennent que les matériaux de l'atmosphère et de la terre combinés entre eux par les affinités chimiques, mis en rapport par les forces physiques et animés par le souffle surnaturel de la vie.

Pour vivre, les animaux ont besoin de respirer et de se nourrir : il en est ainsi des végétaux. Mais tandis que l'animal se meut pour se procurer sa nourriture, la plante est organisée de manière à la recevoir directement de l'air qui la baigne et du sol qui lui donne un appui. L'animal dépense les aliments en mouvement, en force, en travail ; la plante les emmagasine, les accumule, afin de préparer la substance nécessaire à la vie des animaux.

Deux grandes classes d'appareils, les feuilles et les racines, servent aux plantes pour accomplir les fonctions de la respiration et de l'assimilation. C'est en étudiant les fonctions de ces organes que nous nous rendrons compte des phénomènes de leur existence.

Chacun sait ce que c'est qu'une feuille, autant

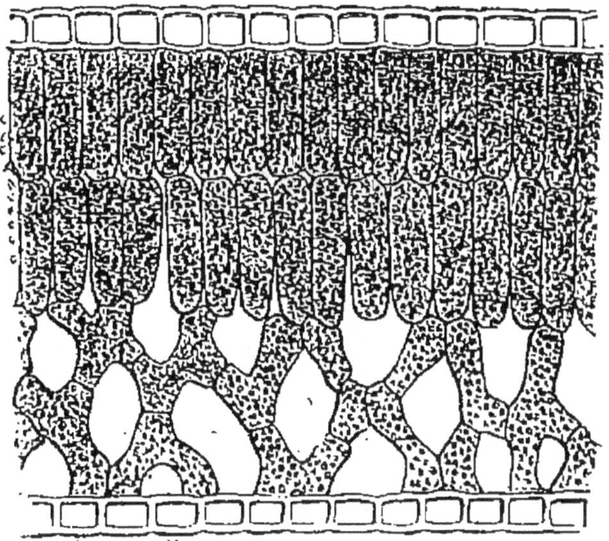

Fig. 28. — Section d'une feuille grossie.

que l'œil seul peut nous le faire connaître. Mais si nous l'examinons au microscope, nous découvrons dans sa texture des particularités qui nous en expliquent les fonctions. La section d'une feuille verte nous montre d'ordinaire qu'elle est formée d'un épiderme, constitué par des *cellules* dures et serrées de manière à protéger ses deux surfaces, tandis que l'intérieur est rempli de cellules beaucoup plus grandes, molles, entre lesquelles il y a des vides nombreux. De plus l'épiderme inférieur est parsemé d'une multitude de petites ouvertures nommées *stomates*, au moyen desquelles les gaz et l'eau peuvent pénétrer sous le vernis épidermique et se répandre dans le tissu intérieur. Dans une feuille de *buis*, par exemple, le microscope permet de distinguer facilement l'épiderme inférieur ponctué de stomates, la masse cellulaire dans laquelle rampent les *nervures* et le réseau continu de l'épiderme supérieur.

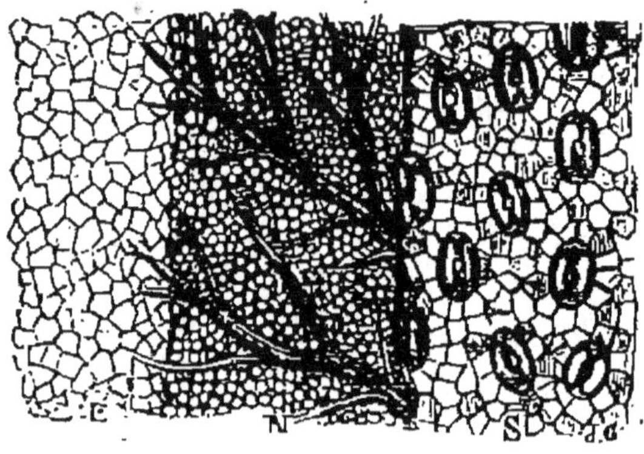

Fig. 29. — Anatomie d'une feuille de buis.

Pour nous rendre compte des principales fonctions des feuilles, organes de respiration et de nutrition, nous pouvons recourir à quelques expériences aussi simples que concluantes.

Prenez une branche d'arbre divisée en plusieurs petits rameaux et plongez l'un d'eux dans un vase plein d'eau, laissant au dehors le reste de la branche. L'eau absorbée par les feuilles immergées montera dans les rameaux voisins et entretiendra pendant longtemps leur fraîcheur ; tout le feuillage se fanera bientôt si vous retirez de l'eau la partie qui y puisait l'humidité indispensable à la vie végétale.

Il est donc évident que les feuilles peuvent absorber l'eau dissoute par l'atmosphère et celle qui les recouvre accidentellement sous forme de rosée ou de pluie. Elles peuvent aussi émettre de la vapeur d'eau, elles transpirent comme la peau des animaux, et cette transpiration des plantes est beaucoup plus énergique qu'on ne le suppose d'ordinaire. A surface égale, les feuilles du *soleil* dé-

Fig. 30. — Absorption de l'eau par les feuilles.

gagent 17 fois plus de vapeur d'eau que la peau humaine. Pour s'en assurer, il suffit de peser un pot contenant une de ces plantes en pleine vigueur et de constater la perte de poids subie dans un temps donné, en tenant compte toutefois de l'évaporation à la surface du pot et en pesant l'eau employée pour l'arrosage. Un *soleil* d'environ un mètre de hauteur transpire en deux heures, environ 220 grammes d'eau; l'évaporation est moindre pendant la nuit que pendant le jour, et arrive au maximum sous l'influence directe des rayons solaires ; elle est augmentée par la lumière beaucoup plus que par la chaleur. On a reconnu aussi, en couvrant alternativement d'un vernis la surface supérieure et inférieure des feuilles, que l'évaporation a lieu surtout à la face supérieure.

Il y a, dit-on, aux îles Canaries un arbre dont le feuillage laisse exsuder une quantité d'eau telle-

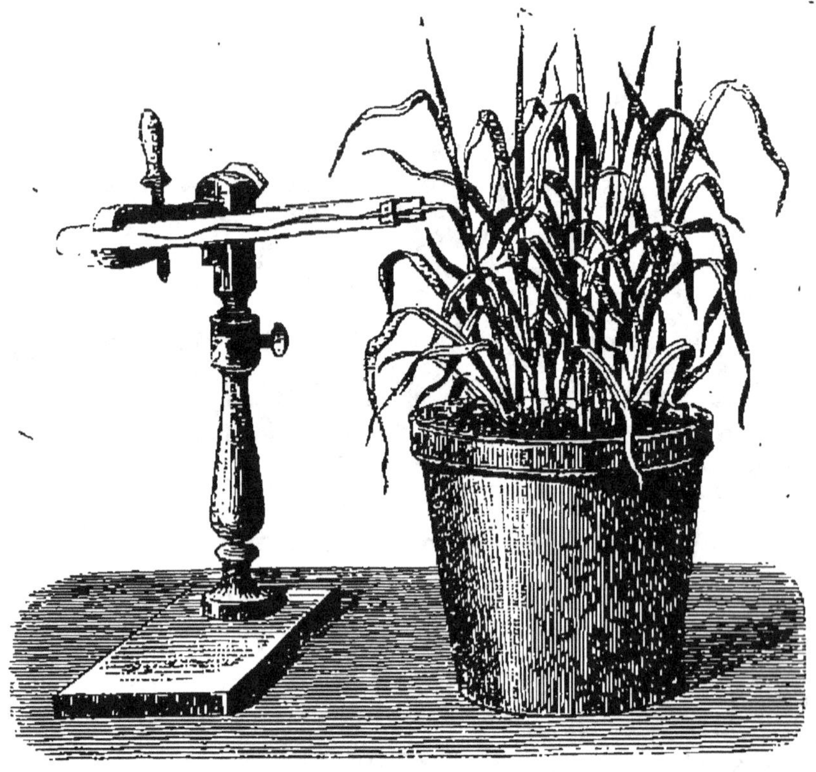

Fig. 31. — Dosage de l'évaporation des feuilles.

ment considérable, que les indigènes la recueillent dans un réservoir creusé au pied. Peut-être d'ailleurs une partie de cette eau est-elle due à une condensation de la vapeur contenue dans l'air, au contact du feuillage refroidi par une évaporation rapide.

Chose digne de remarque, une plante perd par

l'évaporation une quantité de vapeur plus ou moins considérable, selon que l'eau lui apporte une nourriture plus ou moins abondante. Ainsi un plant de pois cultivé sans engrais perd, pendant sa croissance, 7630 grammes d'eau, et seulement 6768 si on lui fournit des engrais minéraux; l'orge, sans engrais, évapore 8400 grammes, et seulement 4360 si on lui procure un engrais riche en substances minérales et en ammoniaque.

Il est facile de recueillir et de peser l'eau transpirée par une plante au moyen de l'expérience suivante. Une feuille de blé, par exemple, est fixée au moyen d'un bouchon fendu, dans un tube de verre dont on connaît le poids, et maintenu par un support. On constatera qu'une feuille moyenne, exposée au soleil, fournit ainsi environ 2 1/2 grammes par heure; que pour une température de 28 degrés l'eau évaporée représente 88 pour 100 du poids des feuilles, et 71 pour 100 lorsque la température est de 22 degrés. Les jeunes feuilles transpirent beaucoup plus énergiquement que les adultes, et peuvent fournir jusqu'à deux fois leur poids de vapeur d'eau dans l'espace d'une heure. En prenant pour base ces calculs, on arrive à ce résultat surprenant que, par une journée chaude et fortement éclairée, un hectare planté de maïs évapore, en douze heures, environ 30,000 litres d'eau!

Faites passer sous une cloche de verre renversée dans une cuvette pleine d'eau un rameau de plante fixée au sol par ses racines, et végétant d'une façon normale, et laissez circuler lentement dans la cloche une quantité d'air déterminée. Si vous opérez pendant le jour, l'air analysé au sortir de la cloche aura perdu les deux tiers ou les trois quarts de son acide carbonique; et si vous opérez pendant la nuit, il en contiendra environ deux fois autant qu'avant son entrée dans l'appareil.

Disposons maintenant une autre expérience. Dans un grand flacon plein d'eau, contenant en solution de l'acide carbonique (soit de l'eau de seltz artificielle), plongeons une plante marécageuse, comme le *potamogeton*, adaptons au col un bouchon muni d'un tube qui se recourbe de manière à passer sous

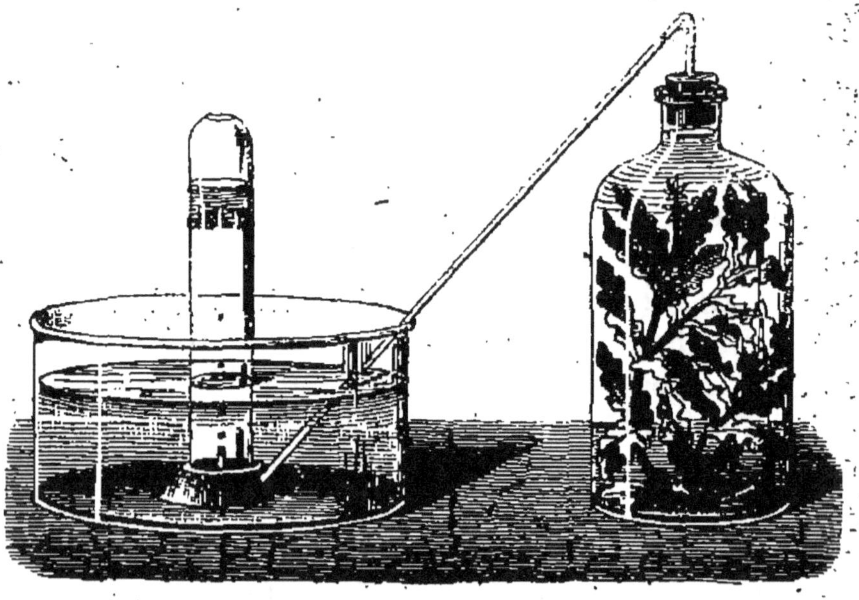

Fig. 32. — Production d'oxygène par les plantes.

une éprouvette renversée sur une cuve d'eau. Tout étant ainsi disposé, plaçons le tout au soleil. Aussitôt des bulles de gaz se montrent sur les feuilles, se réunissent, gagnent la partie supérieure, passent par le tube et s'élèvent dans l'éprouvette. Lorsque celle-ci est pleine, si l'on y introduit un fragment de charbon à peine allumé, il devient tout d'un coup incandescent et brûle avec une lumière éblouissante : c'est de l'oxygène presque pur qui a passé dans l'éprouvette. Quelques gouttes d'eau de chaux parfaitement limpide, versées dans le flacon, n'y formeront pas de précipité, ce qui prouve que l'eau qu'il contient a perdu son acide carbonique.

De ces expériences nous pouvons conclure deux faits que nous avons déjà constatés sans en détailler les phénomènes : les plantes vivent en partie aux dépens de l'air ; elles respirent par leurs feuilles. Pendant le jour, les feuilles décomposent l'acide carbonique de l'air (formé d'oxygène et de carbone), retiennent le carbone et exhalent l'oxygène ; pendant la nuit, elles respirent à la manière des animaux, c'est-à-dire absorbent de l'oxygène et exhalent de l'acide carbonique. Les choses se passent ainsi pour les feuilles et les autres parties vertes.

Plus la lumière est intense, plus rapide est l'absorption du carbone par les plantes et l'émission d'oxygène. La *qualité* de la lumière exerce une influence remarquable sur ce phénomène. Nous savons que la lumière peut se décomposer en sept couleurs, celles de l'arc-en-ciel, et que l'on obtient ce résultat au moyen d'un prisme de verre. En comparant l'influence des lumières de diverses couleurs sur la respiration des plantes, on a constaté que la lumière jaune ou rouge est beaucoup plus active que la lumière bleue ou-violette ; que sous l'influence de la lumière verte les plantes cessent d'émettre de l'oxygène. Cela pourrait expliquer pourquoi la végétation est si chétive sous les grands arbres, quoique leur ombre ne soit pas épaisse. Dans ce cas, ce n'est pas la lumière qui manque aux plantes qu'ils abritent, mais la lumière blanche ; leur étiolement est dû aux rayons verts qu'elles reçoivent à travers le feuillage.

Les plantes aquatiques ne décomposent l'acide

carbonique que si elles sont exposées aux rayons directs du soleil; autrement elles absorbent l'oxygène dissous dans l'eau et dégagent de l'acide carbonique. Voici un fait qui démontre pratiquement cette différence de fonctions. Un étang poissonneux, abondamment pourvu d'herbes marécageuses, fût envahi et complétement couvert par des lentilles d'eau. Au bout de quelque temps tous les poissons moururent. En recherchant la cause de cet accident, on reconnut que les plantes immergées, privées des rayons solaires par la nappe de feuilles, avaient absorbé tout l'oxygène de l'eau, de sorte que les poissons s'étaient trouvés asphyxiés.

Les parties vertes des plantes sont donc pour elles des appareils respiratoires, qui agissent, pendant la nuit, comme les poumons des animaux, consomment de l'oxygène et *dégagent de l'acide carbonique*, tandis que pendant le jour ils remplissent une fonction différente, exhalent de l'oxygène et *fixent le carbone* de l'acide carbonique pour se l'assimiler, ce qui est un acte de nutrition. La plante se nourrit donc en partie par ses feuilles.

La température à laquelle les plantes immergées accomplissent leur double fonction de respiration et de nutrition est d'environ 10 degrés; les végétaux qui vivent dans l'air n'ont besoin que d'une température de 1 à 2 degrés. Si une plante reste pendant quelque temps dans l'impossibilité de respirer, elle ne reprend plus sa vitalité interrompue, elle meurt et cesse d'opérer dans le milieu où elle se trouve des transformations qui ne peuvent se produire que sous l'influence de la force vitale. La feuille morte ne respire pas plus que ne se dilate le poumon d'un cadavre.

Les feuilles colorées, rouges, jaunes, ne meurent

pas et respirent normalement, parce qu'elles contiennent une certaine proportion de *chlorophylle*
ou substance verte. Mais les fleurs dégagent de
l'acide carbonique pendant le jour, ainsi que les
fruits colorés.

Examinons maintenant la structure et les fonc-

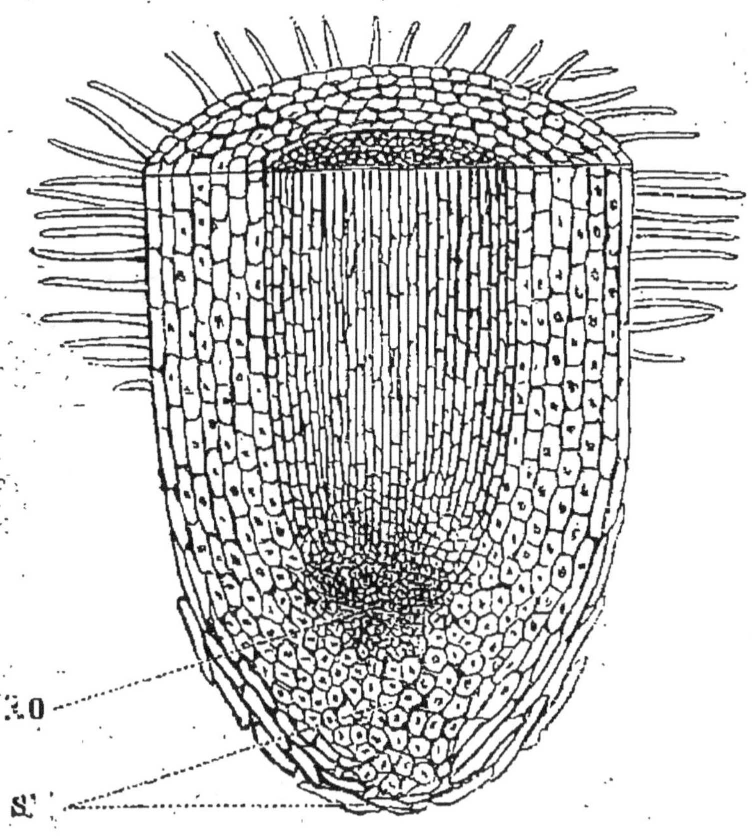

Fig. 33: — Coupe grossie de l'extrémité d'une racine.

tions des autres organes destinés à la nutrition des
plantes : les racines. Si l'on coupe dans le sens de
la longueur l'extrémité d'une racine et qu'on l'examine au microscope, on reconnaît qu'elle est garnie
de poils très-fins perméables aux gaz et aux liquides, revêtue d'un épiderme peu résistant, mais qui

s'accumule et se condense vers la pointe. Les cellules situées en S sont serrées et peu perméables ; elles sont destinées à renforcer l'extrémité qui doit déplacer la terre sur son passage. Mais à une certaine distance, en O, le tissu est plus lâche, plus spongieux, et très-aisément pénétrable ; c'est par là que les gaz et les liquides dont le sol est imprégné pénètrent dans l'intérieur de la plante par l'intermédiaire des racines.

Comment un liquide mis en contact avec la ra-

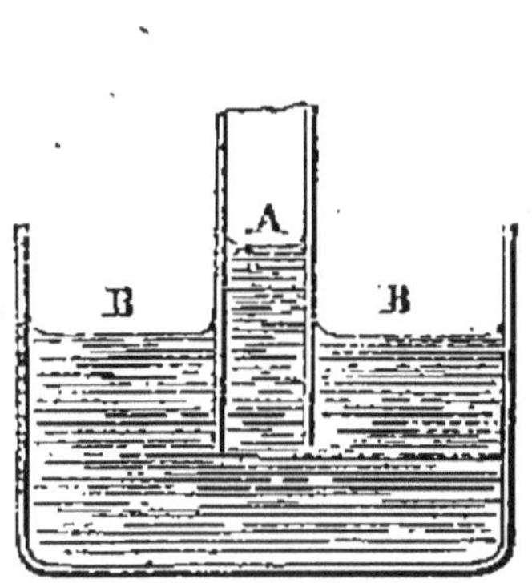

Fig. 34. — Ascension
capillaire.

Fig. 35. — Vaisseaux
capillaires.

cine d'une plante peut-il s'élever jusqu'à l'extrémité de ses rameaux ? La force vitale suffit-elle à cette ascension, ou peut-on l'expliquer par les seules lois de la physique et de la chimie ?

Si l'on plonge dans de l'eau un tube de verre si délié que l'on puisse à peine y introduire un cheveu, et nommé pour cela *capillaire*, il se produit une *attraction* par contact, entre les parois et le liquide, et celui-ci s'élève dans le tube. On donne à cette attraction, à cette ascension d'un liquide dans un tube ou dans un corps poreux, éponge, sucre, tissu, le nom de *capillarité*. Les tissus des racines et des tiges contiennent un grand nombre de tubes

Fig. 36. — Endosmomètre.

microscopiques ou *vaisseaux*, dans lesquels l'eau du sol pourrait s'élever par capillarité si l'on coupait l'extrémité de la racine. Mais dans l'état normal, ces tubes capillaires, quelque déliés qu'ils soient, n'arrivent point à la surface, toute couverte d'épiderme, sorte de membrane mince et délicate. On ne peut donc pas dire que les racines pompent leur nourriture par l'extrémité des vaisseaux, et l'on doit chercher une autre explication. Nous la trouvons dans les propriétés des membranes animales et végétales.

Attachez à un tube de verre une petite vessie, versez-y une solution de sucre ou de gomme jusqu'à un certain niveau dans le tube, et plongez la vessie dans un vase plein d'eau. Au bout de quelques heures vous noterez que le niveau du liquide s'est élevé dans le tube, par conséquent une certaine quantité d'eau pure a pénétré dans l'appareil à travers la membrane. En goûtant l'eau dans laquelle plongeait la vessie, vous remarquerez qu'elle est légèrement sucrée ou gommée, ce qui prouve que les matières dissoutes ont pu également passer à travers le tissu membraneux. Lorsque deux liquides sont séparés par une mince couche de tissu végétal ou animal, il s'établit donc entre eux un courant par lequel ils se mêlent, et le courant le plus fort se produit du liquide le moins dense vers le plus dense : de l'eau pure vers la solution de sucre ou de gomme. Ce curieux phénomène a reçu le nom d'*endosmose*, et le petit appareil au moyen duquel on le constate s'appelle *endosmomètre*.

L'endosmose nous explique aisément la pénétration des liquides au travers du tissu lâche qui forme l'extrémité des racines, et la capillarité nous montre comment ils peuvent monter d'eux-mêmes dans les vaisseaux capillaires : nous reviendrons sur ces deux points lorsque nous étudierons spécialement le liquide nourricier, la sève. Pour le moment, il nous suffit de savoir que les gaz et les liquides peuvent passer du sol dans la plante par les racines.

Nous savons déjà comment les végétaux s'assimilent le carbone ; cherchons maintenant de quelle manière ils s'approprient l'azote et les substances minérales. Les plantes puisent-elles directement

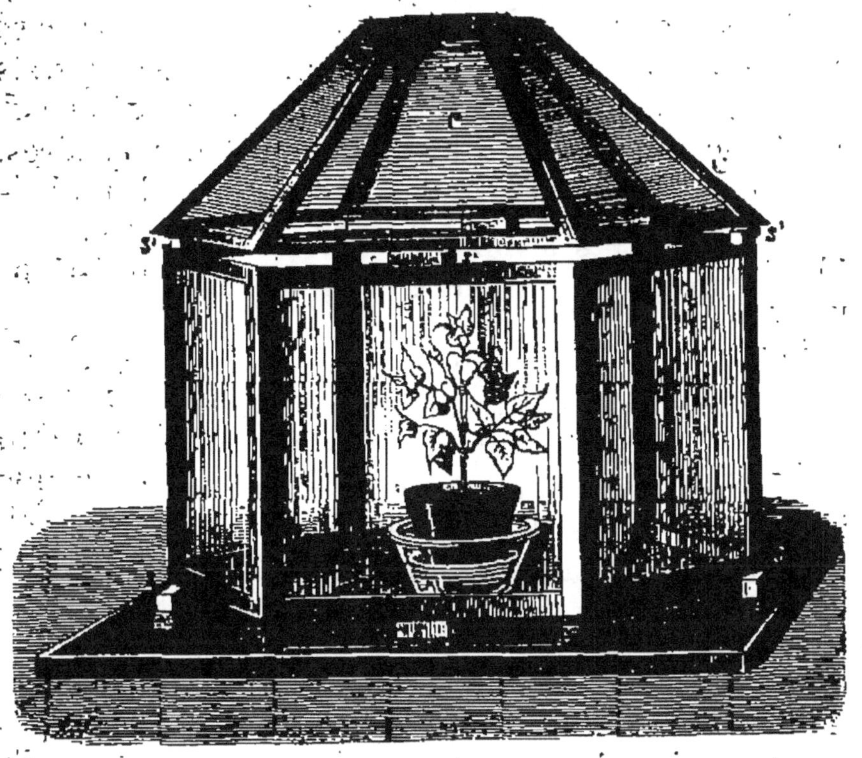

Fig. 37. — Essai d'absorption de l'azote de l'air.

l'azote dans l'atmosphère? Cette question continue de passionner les savants et les praticiens. Heureusement des faits positifs permettent d'y répondre avec assurance.

Si l'on sème des haricots dans un pot contenant de la pierre ponce et des cendres lavées, qu'on le place dans une cage de verre protégée contre la pluie, mais dont l'air peut se renouveler, et que l'on arrose avec de l'eau pure, on constate, au bout d'un certain temps, que les plantes ne contiennent pas plus d'azote que les graines d'où elles sont sorties; l'air ne leur en a pas fourni. D'autres expériences plus compliquées ont donné le même résultat.

On a reconnu, d'autre part, que les nitrates (ou azotates), composés d'azote, d'oxygène et d'une *base* comme la soude, la potasse, constituent des engrais utiles. Les plantes les absorbent en effet, et la base, soude ou potasse, se retrouve dans leurs cendres. Les nitrates sont donc décomposés par les végétaux : ceux-ci s'assimilent l'azote et mettent en liberté l'oxygène, qui entre dans des combinaisons nouvelles.

Lorsque l'ammoniaque se trouve en présence de corps poreux, il se transforme facilement en acide azotique. La terre doit causer cette transformation, et l'acide ainsi formé, s'unissant aux bases, soude ou potasse, provenant de la décomposition du sol, produit des nitrates assimilables. Il est vrai que certaines plantes, les graminées surtout, absorbent les sels ammoniacaux, mais ceux-ci ne sont assimilés par les graminées qu'après leur transformation en nitrates. *On peut donc dire que les végétaux reçoivent par leurs racines l'azote dont ils ont besoin, sous deux formes bien distinctes : les nitrates et les composés très-complexes, riches en carbone et en azote, qui constituent les fumiers, dont l'assimilation est favorisée par la présence de la potasse et de l'ammoniaque.*

Les cendres des végétaux, soumises à l'analyse, nous montrent qu'ils contiennent d'ordinaire les substances suivantes : carbonates de potasse et de soude, chlorure de potassium, sulfate de potasse, carbonates de chaux et de magnésie, phosphates de chaux et de fer, silice. Voyons de quelle manière les minéraux ont pu être assimilés.

Ce sont les acides des végétaux qui appellent pour ainsi dire la potasse à se combiner avec eux pour former des sels. Quelquefois sa présence n'exerce presque pas d'influence sur le développement de la plante, de sorte qu'un excès de cette substance, employée comme engrais, resterait sans effet; dans d'autres cas, par exemple pour le froment ou les légumineuses, elle rend de grands services : *elle favorise la solubilité et l'absorption des composés riches en carbone et en azote qui existent dans les fumiers.* Les acides s'unissent également à la chaux qui forme dans les *cellules* des cristaux ou des incrustations salines reconnaissables au microscope. La silice, soluble dans la potasse, peut être entraînée avec elle; une partie forme une combinaison stable avec le tissu de la plante; l'autre, déposée en excès par l'évaporation, ne remplit aucun rôle utile. Lorsqu'on analyse des graines, on trouve que les phosphates y sont toujours en proportion de l'azote. Il semble que ces composés s'unissent intimement aux substances azotées et les accompagnent dans leurs migrations jusqu'à la graine, où elles s'accumulent spécialement. Ces faits suffisent pour nous donner une idée générale de la manière dont les minéraux pénètrent dans la plante et s'unissent à ses tissus.

Il reste à expliquer comment chaque plante choisit les substances qui lui conviennent.

On croit généralement que l'élection des substances par les racines résulte d'une différence dans leur structure. Mais le microscope nous les montre formées d'éléments semblables et arrangés dans le même ordre. Pour se rendre compte de la manière dont une racine absorbe les substances solubles avec lesquelles elle se trouve en contact, il faut recourir aux lois de la *diffusion*. Si l'on dépose au fond d'un tube de verre un peu d'une solution saline pesante et que l'on verse dessus, sans l'y mêler, une haute colonne d'eau, de manière que l'on reconnaisse distinctement le niveau des deux liquides, on constatera, au bout d'un certain temps, que le sel s'est répandu partout, et ce phénomène s'appelle *diffusion* : celle-ci s'effectue au travers des membranes, c'est une *endosmose* sans transport de liquide.

A mesure qu'un sel s'unit aux tissus de la plante, la sève en reçoit une nouvelle quantité par diffusion, jusqu'à ce que le liquide nourricier en soit aussi chargé que les liquides extérieurs. La racine absorbe *tous les sels dissous autour d'elle*, mais ceux qui n'ont pas d'affinité chimique pour les tissus du végétal restant libres dans la sève, ne donnent pas lieu à une introduction nouvelle. Telle est la raison fort simple pour laquelle certaines substances minérales s'accumulent plus que d'autres dans les plantes. Nous avons ici un exemple remarquable de la manière dont la science remplace peu à peu, par des explications raisonnées, les théories plus ou moins ingénieuses dans lesquelles l'ignorance des causes véritables faisait attribuer à des vertus occultes certaines fonctions intimes de la vie.

COMMENT UN GLAND DEVIENT CHÊNE

Voici un gland détaché de sa branche à l'automne, à demi caché sous les feuilles tombées, reposant sur une couche humide de terreau que chaque année augmente insensiblement. Si les chancés lui sont favorables, s'il échappe à la dent des animaux qui le recherchent, s'il reçoit assez d'air, si le froid ne le glace pas prématurément, nous le verrons germer et produire une frêle petite plante, un chêne en miniature, appelé cependant à devenir, après des siècles de croissance, le majestueux ornement des forêts.

Par quel miracle les éléments nécessaires à l'éclosion du nouvel être se trouvent-ils rassemblés sous cette enveloppe exiguë? Quelles sources de vie contient ce fruit détaché de l'arbre? Comment se manifestera son existence indépendante? Sous l'influence de quelles forces et de quelles lois le germe nain deviendra-t-il l'égal du géant qui l'a produit?

Pour répondre à toutes ces questions, nous aurons besoin de nous rappeler les grands principes de physique et de chimie que nous avons passés en revue, et nous verrons agir les causes qui régissent l'exercice de la vie dans le monde des végétaux.

Cherchons d'abord à surprendre le secret de cette évolution merveilleuse par laquelle une graine inerte, morte en apparence, donne naissance à une plante et reproduit l'espèce d'où elle provient. Prenez une amande mûre, enlevez successivement toutes les enveloppes, jusqu'à découvrir les deux masses blanches, charnues, fortement accolées, que l'on appelle *cotylédons*. Séparez ces deux moitiés et vous verrez à leur base l'*embryon* de la plante

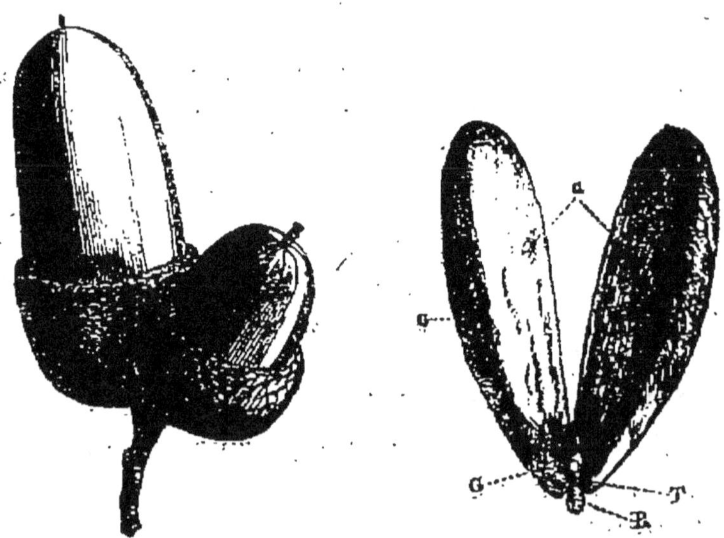

Fig. 38. — Le gland.   Fig. 39. — Embryon d'amandier.

future, le germe, dont les différentes parties sont déjà suffisamment développées pour que l'on distingue facilement en G le *gemmule* d'où sortiront les feuilles ; en T la *tigelle*, commencement d'un tronc ; en R la *radicule* destinée à s'accroître sous forme de racines.

Pour suivre facilement les évolutions de la graine, semez des haricots dans un pot, à quelques jours de distance, et surveillez les changements qui se manifestent, en déterrant chaque jour une ou plusieurs semences. Dès le premier jour, vous remarquerez que le haricot s'est gonflé, qu'il a absorbé une notable quantité d'eau. Comment le liquide s'est-il trouvé ainsi attiré dans le tissu de la graine? Simplement en vertu de la *capillarité*. Toute substance pulvérulente ou spongieuse placée dans un milieu humide produit le même effet : il n'y a ici aucun phénomène vital.

Cette force d'attraction *capillaire* est considérable. On peut s'en convaincre au moyen de l'expérience suivante. Prenez un bloc de craie dont le volume soit d'environ un litre ; creusez jusqu'au centre O un trou dans lequel vous introduirez et cimenterez un tube de verre recourbé en S; versez dans

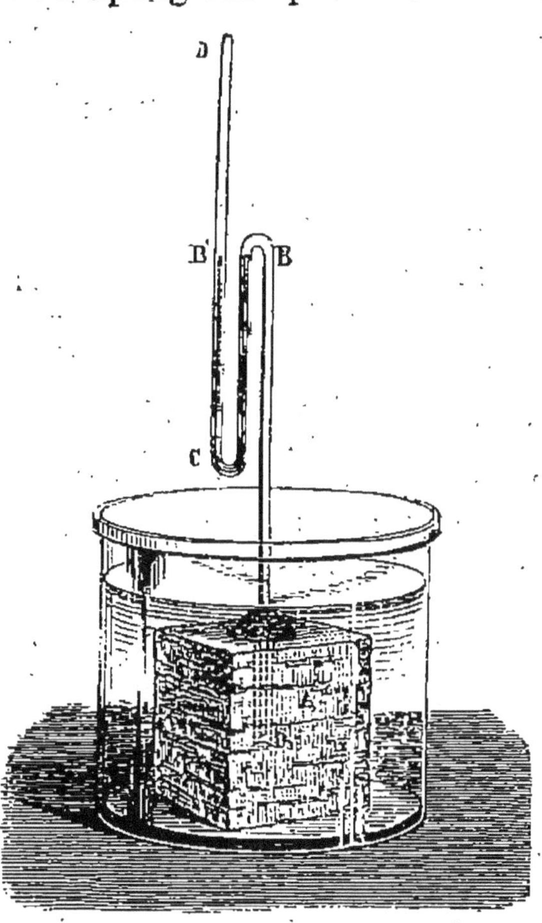

Fig. 40. — Absorption capillaire.

le tube du mercure jusqu'au niveau B B' et fermez hermétiquement l'extrémité D. S'il se produit un excès de pression en O, celle-ci se communiquera au mercure, qui montera dans la branche CB faisant fonction de *manomètre*. Tout étant ainsi disposé, si l'on plonge dans l'eau le bloc de craie, le liquide s'y introduisant par capillarité chasse l'air dans la portion OB du tube et fait remonter le mercure dans l'autre branche, jusqu'à ce que l'air emprisonné en B'D soit comprimé à trois ou quatre atmosphères. C'est-à-dire que si on avait en CD un tube ouvert suffisamment long et rempli d'eau, la pression développée en OB et transmise en C soutiendrait une colonne liquide de 96 à 128 pieds! C'est cette force qui fait gonfler le haricot enfoui dans la terre humide.

Semez de même un gland et au bout de quelques semaines surveillez ses progrès : vous verrez que la graine a brisé l'enveloppe extérieure, les *cotylédons* sont séparés, le *gemmule* commence à poindre à son extrémité, tandis que la *radicule* grandit et s'enfonce dans le sol. Peu à peu la radicule donne naissance à du *chevelu*, la tigelle se développe, entraîne avec elle les cotylédons qui sortent de terre et donnent passage à deux feuilles : la plante va commencer sa vie indépendante.

Pour cette éclosion de l'être renfermé dans la graine et pour son premier développement, il n'était pas nécessaire de la placer dans une terre végétale : du sable humide, du coton imbibé d'eau pure auraient rempli le but, car l'eau et l'air sont les seuls éléments dont la graine ait besoin pour accomplir son évolution. De même que l'œuf contient toutes les substances dont l'organisation formera un oiseau, la graine renferme les matériaux d'une plante.

La vie reste dormante dans la semence tant qu'on ne lui fournit pas l'humidité nécessaire : voilà pourquoi on a coutume de *rouler* les champs après les semailles, afin de tasser la terre et de retarder son dessèchement.

La lumière exerce peu d'influence sur la germination et ne lui est nullement indispensable. Il n'en est pas ainsi de la chaleur. La moutarde blanche peut germer à une température très-peu supérieure à zéro ; il faut 2 degrés au lin, 7 au blé d'hiver, à l'orge et au seigle ; mais à 38 degrés la rave devient stérile, tandis que sous les tropiques certaines espèces germent à 50 degrés.

Les saisons agissent sur les phénomènes vitaux des plantes d'une façon manifeste mais inexpliquée ; ainsi les mêmes graines semées dans la même terre et soumises à la même température se développent très-bien au printemps et réussissent fort mal à l'automne.

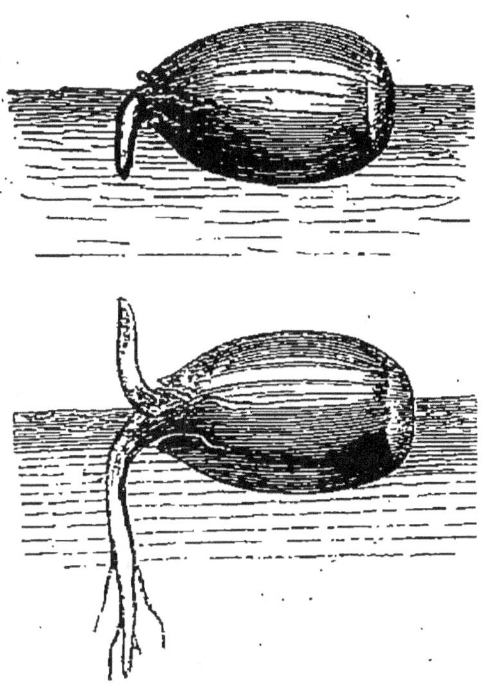

Fig. 41. — Germination du gland.

Si l'on essaie de produire la germination dans une atmosphère d'azote ou d'acide carbonique, on n'obtient aucun résultat : l'oxygène est indispensable. La graine pendant la première partie de sa vie indépendante absorbe de l'oxygène et exhale de l'acide carbonique ; elle se brûle lentement, et sa température s'accroît d'une manière sensible. Dans les brasseries, on voit la température du *malt*, ou orge en germination, monter à 30 et 34 degrés. Durant cette combustion lente la graine perd une partie de son poids, aux dépens du carbone et des éléments de l'eau (hydrogène et oxygène) qu'elle contient, mais son azote n'est pas dépensé.

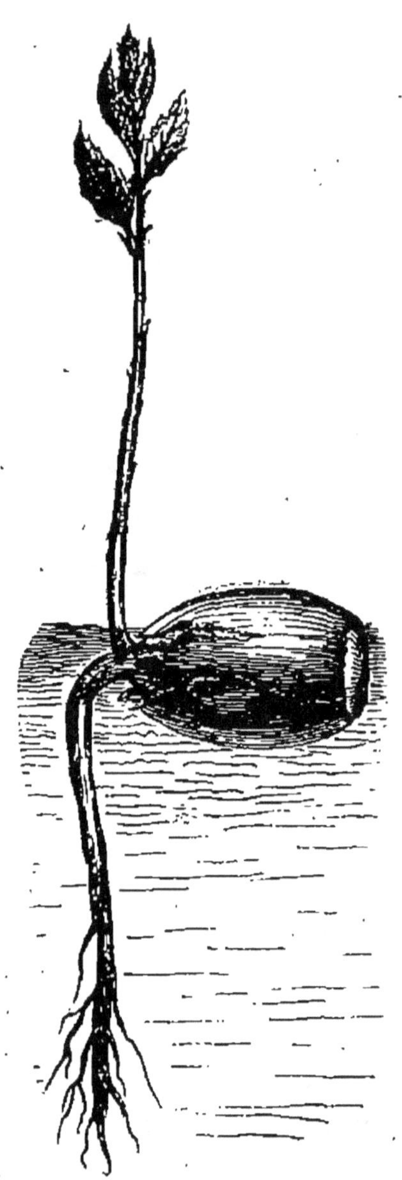

Fig. 42. — Première croissance du chêne.

Pendant la germination les principes insolubles sont modifiés de manière à se dissoudre et pouvoir être absorbés par l'embryon. Ce phénomène est très-accentué dans les grains d'orge. Il se développe une espèce de ferment nommé *diastase*, qui transforme l'amidon en *dextrine*, espèce de gomme, puis en *glucose*, espèce de sucre que la *plantule* organise en tissus ; les matières grasses subissent des transformations analogues. Remarquons d'ailleurs que l'amidon, la glucose, la dextrine et les corps gras sont des matières qui ne contiennent que du carbone, uni à de l'hydrogène et de l'oxygène en proportions toujours égales, ce qui explique leurs transmutations fréquentes : toutes ces substances sont, en dernière analyse, du carbone et de l'eau.

A mesure que la nouvelle plante se développe,

les cotylédons épuisés se flétrissent ; mais quand cette source de nourriture lui fait défaut, les deux premières feuilles sont développées, ont acquis la couleur verte, et à la vie embryonnaire analogue à celle de l'animal succède la respiration végétale par les feuilles et l'absorption des liquides par les racines.

La plante est formée : laboratoire vivant, elle va transformer en sucs et en tissus les éléments mis à sa disposition par l'air et par le sol. Si nous analysons les substances contenues dans les végétaux cultivés les plus importants, en nous bornant à constater les grandes classes sans nous attacher à poursuivre leurs subdivisions, nous n'en trouverons qu'un nombre assez restreint. Nous allons les passer rapidement en revue, pour expliquer leur origine et leurs transformations.

Le sucre est commun à tous les végétaux, au moins pendant une certaine période de leur existence ; il y existe le plus souvent à l'état incristallisable et prend alors le nom de *glucose*. Ce sont les feuilles qui le produisent aux dépens du carbone de l'air et de l'eau de leurs tissus. Si elles fournissent au carbone un peu moins d'eau, il se forme de l'amidon au lieu de *glucose*. La gomme est un composé assez semblable à la glucose, mais uni à de la chaux.

Le tissu solide des végétaux nommé *cellulose* provient des transformations de la glucose ; dans le bois elle se trouve accompagnée de *ligneux*, dont la composition est à peu près identique.

Toutes ces matières, de même que les acides, les substances grasses, les huiles essentielles, les résines, sont fournies aux végétaux par le travail vital exécuté dans les feuilles : toutes contiennent du carbone uni aux éléments de l'eau.

Mais les plantes renferment aussi des composés dans lesquels figure l'azote, extrait du sol par les racines, et qui s'accumule surtout dans les graines : tels sont le *gluten* du blé, la *caséine végétale* des haricots.

Revenons maintenant à notre jeune chêne. Avec le développement de ses premières feuilles commence sa vie régulière ; c'est par elle qu'il va puiser dans l'atmosphère la plus grande partie des matériaux nécessaires à sa croissance et à son développement. Avec le carbone de l'air et l'eau qu'il pompe dans la terre, le jeune arbre grandit ; nous pouvons négliger l'azote et les minéraux qu'il demande au sol en proportions très-minimes. La feuille fabrique dans son tissu une espèce de sucre, la *glucose*, qui se transforme par la perte d'un peu d'eau en *cellulose* et en *ligneux* insolubles, pour construire les cellules innombrables des feuilles, de l'écorce, de la moelle, des vaisseaux et du bois.

L'écorce est sillonnée de petits vaisseaux qui se ramifient et se soudent dans toutes les directions. Ce sont ces vaisseaux qui élaborent les substances actives que l'on y trouve généralement accumulées. Celle du chêne, comme vous le savez, contient du *tannin* : ce qui la fait employer à la préparation du cuir. L'écorce des jeunes arbres donne à l'analyse 10 pour 100 de cette substance ; on n'en trouve plus que 6 pour 100 lorsqu'ils sont vieux, c'est-à-dire moins que dans celle du jeune pin, qui en renferme 7 pour 100.

Mais comment se forme le tannin, comment se trouve-t-il déposé dans le tissu de l'écorce ? Pourquoi ne le trouve-t-on pas plutôt dans le bois ? Pour satisfaire à ces questions il nous faut étudier les liquides qui gonflent les tissus des plantes et circulent dans leurs vaisseaux, la sève.

Reportons-nous à l'expérience que nous avons décrite pour prouver la force avec laquelle les liquides se précipitent dans les corps poreux. Les racines, substances poreuses et très-perméables, plongées dans la terre humide, s'y trouvent dans les conditions du bloc de craie où l'eau pénètre en produisant une pression de plusieurs atmosphères. Dans l'intérieur de la plante, l'eau rencontre des tubes étroits où elle tend à monter également et des tissus spongieux qui continuent l'absorption ; par conséquent elle doit arriver jusqu'à l'extrémité de la tige. Au printemps la naissance de nouvelles racines activera cette action et mettra en mouvement la sève. L'expérience prouve que les choses se passent ainsi. Voyez, au printemps, l'extrémité d'un rameau de vigne : la pression de bas en haut produite par l'absorption des racines continuant toujours, et rien n'arrêtant le liquide à l'extrémité du rameau, il s'écoulera au dehors ; c'est ce que l'on appelle les pleurs de la vigne.

Pour mesurer la force de la sève ascendante, on peut disposer l'appareil suivant : Sur un chicot de vigne coupé au printemps, on adapte et lute avec soin un tube disposé comme pour l'expérience du bloc. Le fluide monte dans le tube, coule dans la branche descendante et refoule le mercure dans la branche ascendante. On a constaté que la pression ainsi développée supportait une colonne de mercure d'un mètre, en outre de la pression atmosphérique. La sève circule donc dans quelques végétaux avec une force de cinq à six fois supérieure à celle qui pousse le sang dans les artères des gros animaux. Notons toutefois qu'elle se meut beaucoup

7

moins vite, car elle ne parcourt guère plus d'un centimètre par minute.

A cette force ascensionnelle de la sève s'ajoute une force d'aspiration produite par les feuilles qui, exhalant une quantité considérable de vapeur d'eau, produisent un appel, une aspiration du liquide contenu dans les rameaux et dans la tige.

Voilà donc un fait capital de la vie des plantes parfaitement expliqué : la sève, cédant à des forces physiques, monte des racines au sommet, pour se répandre dans les feuilles. Mais cette sève ascendante, surtout au printemps, est presque uniquement formée d'eau pure dans les parties inférieures d'un arbre. A mesure qu'elle traverse les tissus, elle y dissout certaines substances solubles de la nature des sucres et les transporte jusqu'aux bourgeons pour les nourrir, développer les premières feuilles, et y donner naissance aux granules de *chlorophylle*, qui

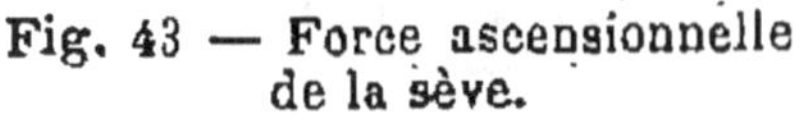

Fig. 43 — Force ascensionnelle de la sève.

seuls jouissent de la propriété de décomposer l'acide carbonique.

Ces granules, vus au microscope, forment quelquefois des agglomérations assez denses; on les trouve aussi disséminés ou collés à la surface des cellules. La lumière leur communique la puissance merveilleuse de décomposer d'une part l'acide carbonique de l'air, et d'autre part l'eau de la sève, pour former un sucre, de la *glucose*, que les forces vitales transforment en *cellulose* insoluble, qui fait la base des tissus, des acides, du tannin, des résines. Tous ces matériaux élaborés par les feuilles sont des-

Fig. 44. — Chlorophylle granuleux (C) et aggloméré (C').

Fig. 45. — Chlorophylle dans une cellule.

tinés à accroître le bois, l'écorce, les racines; il faut donc qu'ils passent du sommet à la base de la plante, suivant par conséquent une route opposée à celle de la sève ascendante. On a donc supposé qu'il s'établissait dans l'écorce un courant qui amenait jusqu'aux racines la sève enrichie, élaborée dans les feuilles. Si l'on fait à un jeune arbre une ligature, on voit un bourrelet se produire au-dessus de la partie comprimée, ce qui indique un accroissement des tissus de l'écorce de haut en bas. Mais ce fait ne prouve pas qu'il existe vraiment un courant descendant de liquide. Il suffit, pour former ce bourrelet, que les matières solubles se trouvant contrariées par la ligature dans leur marche, indépendante de tout courant, éprouvent un changement qui les rende insolubles sous forme de tissus.

Nous disons que les matières solubles peuvent se mouvoir dans un liquide en l'absence d'un courant qui les entraîne ; c'est un effet de la *diffusion* dont nous avons déjà parlé et qui s'exerce dans toutes les directions.

Il n'y a donc pas de sève descendante, c'est-à-dire de courant liquide entraînant les matières destinées à nourrir les tissus, à les augmenter, à s'accumuler dans les racines, dans l'écorce, dans les graines ; mais ces matières se meuvent par diffusion, et selon une direction imprimée par la force vitale, vers les parties auxquelles elles sont destinées. Dans la pomme de terre, la sève élaborée, destinée à s'accumuler sous forme de fécule, suit une marche descendante, tandis que dans le blé dont l'épi est au-dessus des feuilles, elle s'élève des feuilles au sommet : au lieu de dire que la sève élaborée se meut, il est donc plus correct de constater seulement que les substances solubles dérivées de la *glucose* manufacturée par les feuilles passent, par la force de diffusion et la force vitale, dans les parties qui les réclament pour l'évolution normale de la plante.

Résumons en quelques mots, dans leur admirable simplicité, les phénomènes familiers, mais peu compris d'ordinaire, par lesquels un gland devient chêne. La capillarité fait gonfler la graine spongieuse, l'eau y dissout quelques éléments, la chaleur y développe le principe vital. Cette force nouvelle permet à l'embryon de puiser dans ses enveloppes qu'il dissout sa première nourriture. Une racine pénètre dans le sol, deux feuilles vertes se déplissent, la vie animale de la graine en germination cesse pour faire place à la vie végétale de la plante formée. L'attraction capillaire gonfle les racines, pénètre les tissus, fait monter le courant de sève jusqu'aux feuilles. Là le liquide aqueux s'enrichit du sucre fabriqué sous l'influence de la lumière, par la feuille vivante, aux dépens de l'air et de l'eau. La vie transforme ce sucre en sucs divers qui, en vertu de la force de *diffusion* et, obéissant à une *sélection* toute vitale, se dirigent, au sein de la sève, mais sans être portés par elle, vers les parties où ils sont nécessaires.

Dans cette série d'actions, de mouvements, d'influences, de combinaisons et de transformations, la science fait la part de deux grandes classes de forces : celles qui relèvent de la physique et celles qui appartiennent à la chimie. Par l'application des lois qui régissent ces puissances de la nature, elle explique tous les faits, sauf un seul, la vie. Et cependant la vie, force mystérieuse, domine toutes les autres. Sans elle, la matière ne peut rien organiser : aussitôt qu'elle disparaît, son œuvre s'évapore et s'écroule en poussière.

Les lois qui régissent la matière inerte suffirent, aux premiers âges de la terre, pour préparer tous les éléments nécessaires à la formation des plantes et des animaux ; mais ces matériaux seraient demeurés éternellement dans leur immobilité féconde, si Dieu ne leur avait communiqué une puissance jusque-là inconnue et n'avait soufflé la vie sur le monde dont il avait créé les éléments.

CE QU'IL Y A DANS UN GRAIN DE BLÉ

On ignore l'origine du blé, base de notre nourriture. Cette précieuse graminée croît spontanément en plusieurs points de l'Asie et l'histoire n'a pas fait connaître de quelle manière elle s'est répandue.

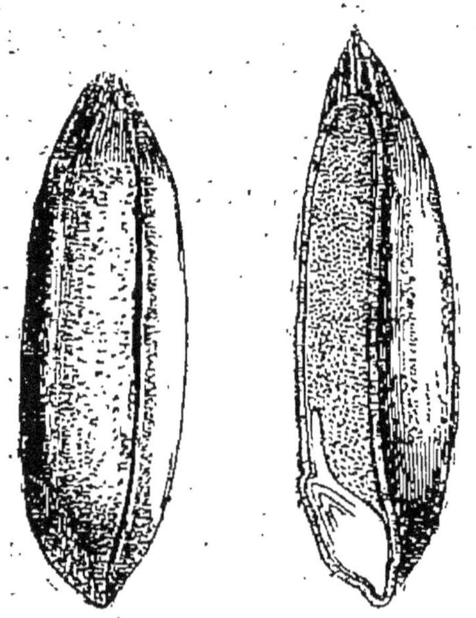

Fig. 46. — Grains de blé grossis.

Les peuples anciens, dans leur reconnaissance, le considéraient comme un don spécial d'une divinité protectrice de l'agriculture; de là naquit le culte de Cérès, la déesse des moissons.

Puisque le blé nous fournit le « pain quotidien », il mérite que nous cherchions à savoir ce qu'il demande à la terre pour croître, et ce que contiennent ses semences.

Nous allons donc lui consacrer quelques pages, qui compléteront les notions déjà acquises au sujet de la chimie des plantes.

Tout le monde a vu des grains de blé, nommé aussi *froment*, mais sans leur donner sans doute toute l'attention désirable. Coupez en deux une de ces graines et regardez-la avec une bonne loupe. Vous distinguez facilement à la partie inférieure l'embryon destiné à reproduire la plante, et vous pouvez noter que l'enveloppe coriace du grain pénètre par le sillon longitudinal jusque dans l'intérieur de la masse farineuse. Cette enveloppe et l'embryon sont éliminés de la farine par le blutage.

On ne compte pas moins de 28 espèces de froment, qui reçoivent ainsi que leurs variétés des noms très-divers selon les cantons où on les cultive. Mais dans le commerce on n'en distingue ordinairement que trois sortes, correspondant à des différences notables de composition : les blés tendres ou blancs, qui produisent des farines de belle qualité ; les blés demi-durs, qui donnent une plus grande quantité de farine très-blanche et de beaux gruaux ; enfin les blés durs, remarquables par leur apparence cornée. Ceux-ci sont les plus précieux de tous, parce qu'ils se conservent facilement et donnent un rendement supérieur en farine. On les recherche pour la confection des pâtes : vermicelle, macaroni, etc., à cause de leur richesse en *gluten*, substance azotée fort importante dont nous nous occuperons en détail.

Le blé constitue la nourriture favorite des hommes dans tous les pays où il est possible de le cultiver régulièrement. Si l'on trace sur une mappemonde des lignes indiquant pour chaque hémisphère, la limite des pays où l'on cultive en grand le blé, on voit que pour l'hémisphère austral la production commence vers le 25ᵉ degré de latitude pour finir au 47ᵉ. Cette zone ne comprend que l'Australie méridionale avec la Nouvelle-Islande, le cap de Bonne-Espérance et la partie la plus étroite de l'Amérique du Sud. Dans notre hémisphère, la culture commence, en Egypte et en Arabie, vers le 10e degré de latitude, et remonte rapidement pour tous les autres pays vers le 30e parallèle, s'abaissant jusqu'au 26e en Californie et remontant au 32e dans le nord-ouest de l'Afrique. La limite boréale de culture, en Amérique et en Asie se trouve vers le 48e degré, mais elle monte rapidement en Europe, et atteint en Norwége le 64e parallèle. Cette déviation vers le nord est due à l'adoucissement remarquable de la température par le courant d'eau chaude que la mer apporte de l'équateur au pôle sous le nom de *Gulf-Stream*, et dont l'inflence, jointe à celle des vents du *courant équatorial* modifie singulièrement le climat de l'Europe occidentale.

Il faut, en effet, pour que la culture d'une plante soit possible, que les températures extrêmes de l'hiver et de l'été ne puissent la tuer, et que pendant son développement elle reçoive une quantité fixe de chaleur.

Il existe des variétés de blé qui peuvent résister à des froids de 20 degrés pourvu que la terre soit couverte d'une couche protectrice de neige. Sous le climat de Paris la culture du blé, depuis les semailles jusqu'à la moisson, demande 160 jours. Or la température moyenne, pendant cette période étant de 13°,4 en multipliant le nombre de degrés par le nombre de jours, on trouve que la maturation du blé demande 2,144 degrés de chaleur. A Turmero (Amérique) la plante atteint sa perfection en 92 jours, mais la température moyenne étant de 24 degrés on a pour résultat final 2,200 degrés de chaleur. La concordance du calcul opéré dans des conditions si différentes montre bien que le développement d'un végétal est soumis à des lois mathématiques. L'orge se contente pour mûrir de 1,800 degrés ; aussi peut-on le cultiver jusqu'au 70ᵉ parallèle, dans la péninsule scandinave ; il faut de 2,600 à 2,900 degrés au maïs; 2,900 à la vigne; de 2,800 à 3,000 à la pomme de terre.

On ne doit pas déduire de ces calculs que tout climat qui pourra donner à une plante le nombre voulu de degrés de chaleur, sera favorable à son développement et à la maturation de ses fruits. La constance du climat peut empêcher l'évolution reproductrice qui exige une température supérieure à celle de la germination et de la croissance.

Dans les limites de la zône favorable, le développement et l'amélioration de la culture des céréales peut d'ordinaire servir de mesure au progrès de l'agriculture d'un pays. En France, il y a cinquante ans, les 4,500,000 hectares employés à la culture du blé produisaient 45,000,000 d'hectolitres, ce qui donne un rendement de 10 hectolitres par hectare. Aujourd'hui, sur 6,500,000 hectares, on récolte environ 110 millions d'hectolitres et l'on obtient, par conséquent, un rendement moyen pour toute la France de 16 hectolitres par hectare. Ce progrès est encore peu de chose comparé à celui qu'on est en droit d'attendre, car dans quelques cantons favorisés par la nature du sol, et surtout par l'esprit d'entreprise et d'amélioration, le rendement par hectare est porté à 40 et 50 hectolitres.

Vous avez remarqué sans doute, à l'extrémité la plus déliée du grain de blé, une touffe de poils rudes et serrés. Ces poils retiennent souvent des *sporules* ou germes microscopiques de champignons parasites qui produit la carie du blé. Ces germes enfoncent dans le grain nouvellement formé des sortes de racines qui reproduisent un champignon noirâtre dont la multiplication détruit entièrement les épis attaqués.

Examinée au microscope, la matière blanche qui remplit le grain de blé paraît formée de grandes cellules remplies de petits granules oblongs de taille différente : ces granules constituent l'amidon. Immédiatement au-dessous de l'écorce qui formera le son, on distingue une membrane dont les cellules renferment, avec des sels minéraux, une espèce de ferment qui donnerait au pain une couleur bise et un goût désagréable. Cette membrane est éliminée avec le son et les gruaux gris. Mais dans

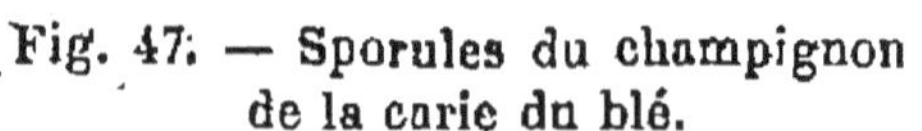

Fig. 47. — Sporules du champignon de la carie du blé.

Fig. 48. — Épi de blé détruit par la carie.

les moulins ordinaires on ne retire que 70 pour 100 de farine blanche de première marque. Par un tamisage mécanique perfectionné, on est parvenu à séparer des gruaux gris les pellicules dangereuses et l'on gagne ainsi 10 pour 100 de farine propre à la fabrication du pain de première qualité. Le tissu propre des cellules est formé principalement de *gluten* et en contient d'autant plus qu'il se rapproche du centre. Le gluten donne au pain de froment la propriété de *lever*, c'est-à-dire de renfermer dans sa masse une multitude de petits globules d'acide carbonique qui se dégagent pendant la fer-

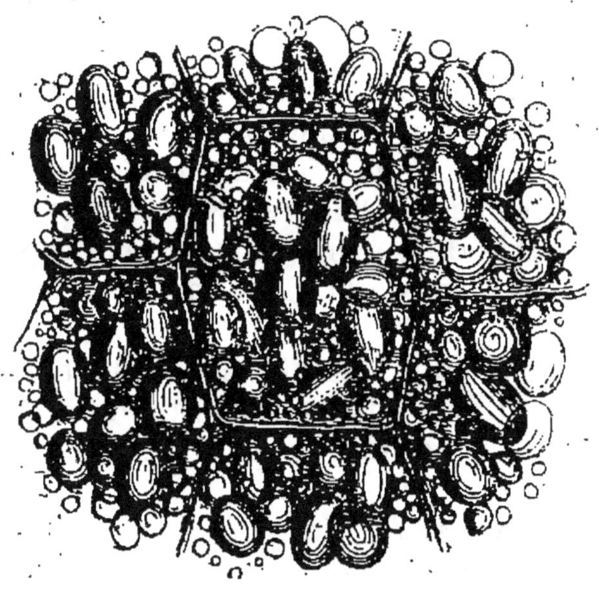

Fig. 49. — Tissu du blé rempli de fécule, grossi.

mentation. C'est la substance grise, élastique, tenace, qui reste dans les mains si l'on malaxe de la farine sous un filet d'eau qui entraîne l'amidon. Elle est riche en azote et c'est à sa présence que le pain doit sa plus grande valeur nutritive, au point de vue du développement et de la réparation des organes. Le gluten contient, en outre, des matières grasses, des phosphates et du soufre.

Si l'on soumet à l'analyse un grain de blé non dépouillé de son écorce, voici, en moyenne, le résultat de l'opération :

Eau	14,0
Matière grasse	1,2
Matières azotées (gluten et albumine)	14,6
Dextrine	7,2
Amidon	59,7
Cellulose	1,7
Sels minéraux	1,6
	100,0

Mais, tandis que du blé tendre de Provence ne contient parfois que 10 pour 100 de matières azotées, leur proportion monte à plus de 21 pour 100 dans quelques grains de Pologne. Notons aussi que certains blés très-durs contiennent une proportion de gluten au-dessous de la moyenne.

Vous êtes-vous jamais demandé comment le *chaume* si mince du blé, ce qui prend le nom de *paille* une fois séché et séparé des graines, ne se brise pas au moindre vent sous le poids énorme de l'épi qu'il supporte ? Coupez un de ces chaumes entre deux nœuds ; coupez une tige pleine d'herbe sauvage, ayant le même diamètre ; rompez, par un effort gradué, la tige pleine, puis appliquez le même effort à rompre le chaume : et vous constaterez qu'il offre une résistance bien supérieure. Examinez au microscope sa texture et vous comprendrez bientôt que, tout en faisant une économie de matière, en laissant creuse la tige des céréales, la nature leur a donné, par la disposition de leurs tissus, une force de résistance extraordinaire. Toute la zone extérieure de l'anneau que présente une section de chaume paraît formée par l'entrelacement de faisceaux fibreux qui s'étendent dans toute sa longueur, et c'est grâce à leur résistance que la tige du blé s'incline sans se rompre sous le poids de l'épi.

On a cherché cependant une autre explication, et l'on a cru la trouver dans la composition chimique des chaumes. Si l'on analyse leurs cendres, on constate qu'elles contiennent 74 pour 100 de silice, corps très-dur, dont la pierre à fusil est une variété. Tous les roseaux donnent des cendres au

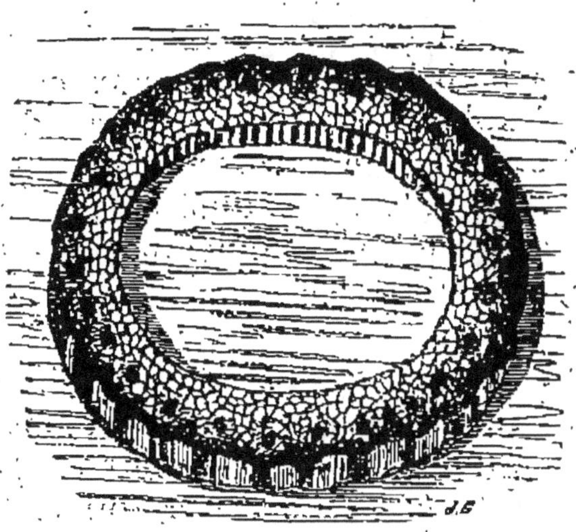

Fig. 50. — Coupe d'un chaume de blé grossi.

moins aussi riches en silice que la paille du blé. Certains bambous en laissent déposer dans leurs entre-nœuds des masses transparentes analogues à l'opale. Mais parce que la paille contient un équivalent du silex et du quartz, il ne s'en suit pas que c'est à ce minéral qu'elle doit sa force de résistance. Si la silice était destinée à renforcer la tige, on l'y trouverait concentrée ainsi que dans la partie engaînante des feuilles qui protége une portion du chaume. Or l'analyse démontre que le *limbe* ou portion développée des feuilles du blé est plus riche en silice que les tiges ; les cendres des feuilles inférieures en fournissent 75 pour 100. Si les feuilles prennent trop de développement, elles font supporter à la tige un poids hors de proportion avec ses forces et le blé verse ; mais l'accident n'est point dû au manque de silice : car l'analyse, dans ce cas, en trouverait un excès dans la plante tout entière. C'est donc uniquement à la texture spéciale de la partie externe de son chaume que le blé doit sa résistance extraordinaire.

Puisque nous parlons de la silice dans ses rapports avec le blé, demandons aux connaissances acquises l'explication de sa présence, de son accumulation et de ses mouvements dans les diverses parties de la plante, après quoi nous soumettrons à la même étude les sels minéraux que l'analyse y trouve concentrés, spécialement sous la forme de phosphates.

Pendant la germination d'un grain de blé, la *diastase*, ferment développé dans l'embryon par la force vitale, liquéfie l'amidon, le change en *dextrine*, puis en sucre ou *glucose*, qui se transforme lui-même en *cellulose*. Cette dernière substance, base des tissus végétaux, n'est pas identique dans toutes les plantes, ni même dans les diverses parties d'un individu. Il y en a une variété, qui abonde dans le blé, avec laquelle la silice se combine à la manière d'une substance tinctoriale qui fait corps avec la fibre pour laquelle elle a de l'affinité. La sève se trouvant ainsi appauvrie en silice est capable d'en dissoudre une nouvelle quantité : elle la prend au sol, dont l'eau se trouve plus chargée de ce minéral que le liquide répandu dans les racines. De nouvelles quantités de silice s'unissant aux tissus à mesure de leur formation, on conçoit qu'elle s'accumule dans les tiges et dans les feuilles, tandis qu'il en reste toujours une faible proportion libre dans la sève. L'analyse des feuilles du blé corrobore cette opinion fondée sur une théorie. Celles de la partie supérieure don le tissu est le moins développé contiennent une proportion de ce minéral bien moindre que les feuilles situées près de la base. Si les plantes légumineuses ne se chargent pas de silice, c'est que la cellulose de leurs tissus est différente et n'a pas d'affinité pour cette substance, de sorte que leur sève n'en contient pas plus que l'eau en contact avec leurs racines. Il n'y a donc point ici *sélection* de la plante en vue d'un but spécial à remplir, comme de renforcer les chaumes pour empêcher la verse, mais une simple application de l'affinité chimique et des lois de l'*endosmose*. Pendant longtemps, les naturalistes aimèrent à attribuer à des vertus occultes les faits qu'ils ne pouvaient expliquer : telle fut l'origine de la prétendue sélection opérée par les racines pour laisser passer ou pour rejeter les substances dissoutes placées à leur portée.

Les cendres des fruits du blé sont composées presque exclusivement de phosphates, dans les proportions suivantes : phosphate de potasse, 50 parties pour 100 ; phosphate de magnésie, 28 pour 100 ; et 22 pour 100 de phosphate de chaux. On a remarqué que les sels contenant du phosphore accompagnent surtout les matières azotées ; et l'on s'est assuré que si les matières azotées des végétaux deviennent insolubles, comme le gluten du blé, les phosphates s'y joignent aussi à l'état insoluble et s'y trouvent définitivement fixés. Ces faits expliquent pourquoi les phosphates abondent dans les grains du blé, où se trouve également concentré le gluten produit par la plante.

D'où vient que dans toutes les plantes annuelles la graine destinée à la reproduction de l'espèce ne commence à se former qu'après le développement complet des autres parties ? Cette simple question nous oblige à examiner scrupuleusement ce qui se passe dans la plante pendant son évolution : prenons le blé pour exemple.

Si l'épi avait commencé à croître en même temps que les feuilles et la tige, travaillant pour son compte à former isolément les matériaux des graines, il arriverait, à l'époque de leur maturité, que la plante tout entière se trouverait gorgée de matériaux élaborés, dont la plus grande partie se verraient destinés à une décomposition immédiate ; tout le travail accumulé par les tiges et les feuilles se trouverait perdu. Nous avons eu plusieurs occasions de constater que la nature n'est pas prodigue, qu'elle économise les forces et les matières premières de manière à produire le plus grand effet possible avec la moindre dépense. Au lieu de former à la fois les mêmes substances dans toutes les parties de la plante, elle les élabore dans les parties les plus basses pendant l'accomplissement de leurs fonctions vitales, puis les leur reprend pour les porter un peu plus haut, de sorte que les mêmes matériaux qu'elle prête successivement aux différentes générations de feuilles lui servent finalement à bâtir les éléments plus parfaits et plus stables des semences.

C'est d'ailleurs grâce à cet emprunt des parties nouvelles aux anciennes qu'une plante placée dans un milieu stérile peut parcourir, bien que d'une manière insuffisante, les diverses phases de son existence. Chaque feuille nouvelle dérobe les matériaux préparés dans une des feuilles inférieures et de sorte que leur nombre ne peut s'accroître ; il en tombe une pour une qui se développe. La fleur se forme ensuite aux dépens des chétives feuilles du sommet, et la graine à demi avortée s'efforce d'arriver au terme de son travail en épuisant les derniers vestiges de nourriture contenus dans les accessoires de la fleur.

La chimie démontre de la manière la plus positive que les choses se passent toujours ainsi, mais d'un façon moins brusque et moins tranchée lorsque les plantes reçoivent du sol les éléments dont elles ont besoin. Il résulte d'expériences faités en grand et souvent répétées que le poids de la récolte d'un hectare de blé cesse d'augmenter quinze à vingt jours au moins avant la moisson. Pendant tout ce temps l'épi emprunte à la plante, et non plus à la terre ou à l'air, les matériaux qu'il continue d'accumuler, ainsi que le démontre l'augmentation progressive de son poids : la vie devient tout intérieure et n'a plus besoin pour continuer que de chaleur et de lumière. Les feuilles, les chaumes, qui avaient lentement perdu une partie de leur azote à partir de la formation de l'épi, le lui cèdent maintenant avec une rapidité singulière, et leur appauvrissement pendant les dernières semaines atteint les deux tiers de la quantité totale qu'ils possédaient avant la floraison. On comprend dès lors qu'il est avantageux, pour éviter l'égrènement des épis, de faire la moisson avant leur complète maturité.

Ces faits étant bien constatés, essayons d'en trouver l'explication. Nous y réussirons au moyen d'une très-simple expérience. Dans un flacon à trois tubulures, contenant une petite quantité d'eau, on fait plonger deux mèches de coton renfermées dans

des tubes de verre. L'une d'elles a été trempée dans
une dissolution d'un sel quelconque, soit de sulfate de fer, et on la recouvre d'un tube fermé pour
empêcher le liquide de s'évaporer de ce côté. L'autre mèche s'ouvrant librement à l'air, il s'y produit une évaporation continuelle. Or, après quelques jours, on voit se déposer à son extrémité des cris-taux de sulfate de fer. Pour arriver là, le sel métallique a dû descendre de la mèche couverte, tra-verser l'eau immobile au fond du vase et remonter dans la mèche évaporante : il y a donc eu un travail de transport opéré par la seule force d'évaporation, sans aucun courant liquide.

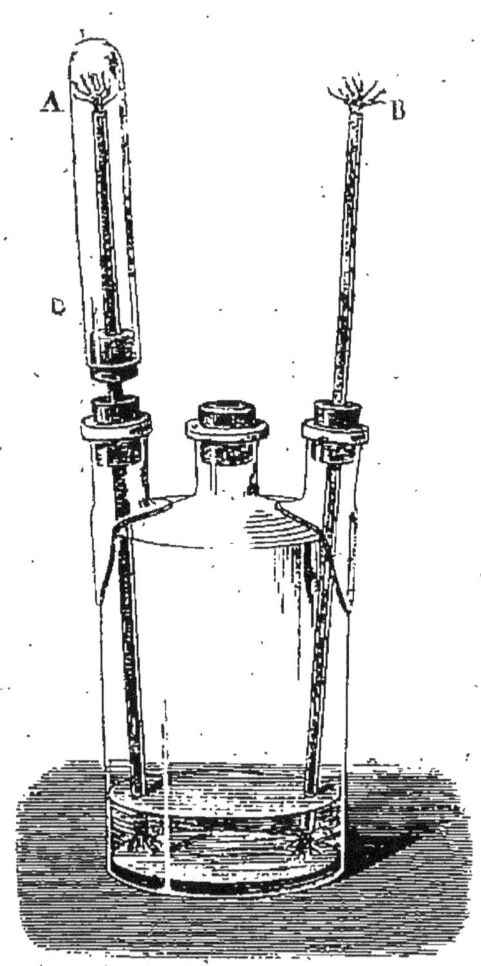

Fig. 51. — Transport produit par
l'évaporation.

La même chose a lieu dans les plantes.
Des expériences directes prouvent que les feuilles
inférieures du blé évaporent deux fois moins que les
feuilles supérieures ; cette différence d'évaporation
suffit donc pour expliquer la migration des sels et
des substances azotées vers le sommet jusqu'à se

concentrer en dernier lieu dans l'épi, dont la production est le but final de la nature et à la formation duquel toutes les autres parties contribuent en succession pour se trouver sacrifiées au terme de leur existence toute secondaire.

Voilà par quels moyens très-simples la nature dissout, élabore, transmute, accumule et transporte dans l'épi, pour les condenser sous leur forme la plus stable, les matériaux dont se compose un grain de blé.

Nous voudrions que ces vérités, peu difficiles à saisir, devinssent familières aux agriculteurs. On a dit il y a bien longtemps qu'ils seraient « trop heureux s'ils savaient apprécier leurs richesses » : que chacun contribue à les leur faire connaître, à les initier aux causes de ce qui se passe sous leurs yeux, aux fins de la nature dans ses productions et de Dieu dans ses œuvres. Alors seulement ils deviendront collaborateurs conscients de la nature et du Créateur, et, prenant possession de la terre par l'intelligence, ils l'aimeront mieux, s'estimeront davantage, et verront plus clairement l'intervention de l'infinie sagesse dans le plan de l'univers.

LES ENGRAIS

A mesure que la population augmente dans un pays, elle est obligée de demander au sol une quantité toujours croissante de nourriture. Les terrains que l'on avait laissés en friche à cause de leur pauvreté sont appelés à fournir leur contingent. Pour cela, on étudie leur composition, on les analyse, et, connaissant leurs défauts, il devient aisé d'y porter remède, de les corriger, de les *amender*. La pratique des *amendements* a devancé la théorie dans beaucoup de pays. Les Gaulois connaissaient l'usage de la chaux et de la marne en agriculture; cependant l'agronomie est une science toute récente, dont les progrès sont intimement liés à ceux de la chimie.

Au lieu d'opérer aujourd'hui par routine et d'expérimenter au hasard, il est facile, après l'analyse d'une terre, de préciser les éléments qui lui font défaut, afin de les lui fournir artificiellement.

Grâce aux progrès de la science agricole et à l'établissement des chemins de fer qui permettent de transporter au loin, à peu de frais, des matières encombrantes et de peu de valeur, de vastes régions ont pu être méthodiquement amendées : la stérile Sologne, la Mayenne, la Sarthe, se transforment ainsi en régions fertiles.

La *marne* est la matière la plus employée dans

les amendements : c'est un mélange de chaux à l'état de carbonate, de sable et d'argile. Selon que la chaux ou l'argile domine, on l'appelle marne argileuse ou marne calcaire. On reconnaît facilement une pierre de marne par l'effervescence qu'y produit un acide en s'unissant au carbonate de chaux dont il libère l'acide carbonique. Exposée à

Fig. 52. — Four à chaux, cuisson intermittente.

l'air, à la pluie, à la gelée, cette pierre poreuse se désagrége très-rapidement.

Il y a d'autres espèces de pierres calcaires, plus riches en chaux que la marne, ou formées de carbonate de chaux presque pur, que l'on ne peut employer directement pour amender les terres parce qu'elles ne se désagrégent pas assez vite : ce sont les pierres à chaux. Pour les utiliser, on les calcine dans des fours de construction fort simple. Dans quelques-uns on se contente d'entasser par couches le combustible et la pierre, de sorte que le travail est intermittent; dans d'autres on verse continuellement les matériaux à la partie supérieure et l'on retire par des ouvertures latérales celle qui a subi

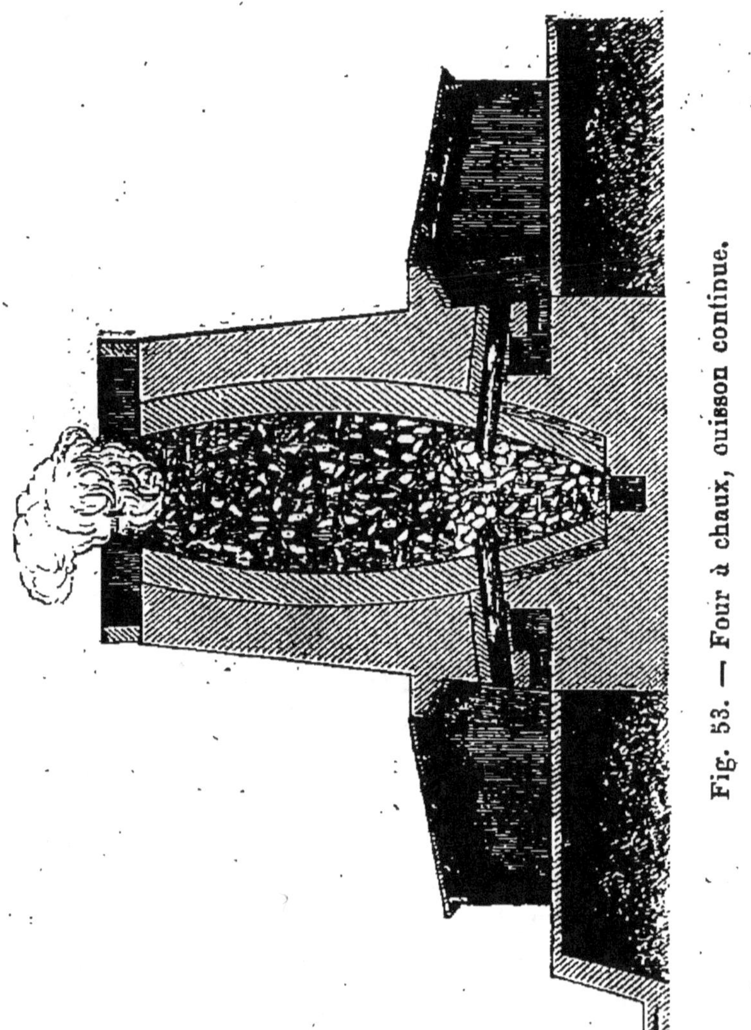

Fig. 53. — Four à chaux, cuisson continue.

l'action du feu. Par l'effet de la cuisson l'acide carbonique est chassé, le calcaire à l'état de *chaux vive* s'unit avidement à l'eau et s'y désagrége complétement : c'est alors de la *chaux éteinte.*

Puisque la pratique montre que la marne et à chaux constituent pour un grand nombre de terrains des amendements efficaces, et comme, d'autre part, l'analyse nous démontre que les cendres des végétaux contiennent une quantité considérable de sels calcaires, la première idée qui s'offre à l'esprit pour expliquer l'utilité de la chaux, c'est qu'elle fournit aux plantes le calcaire dont elles ont besoin.

Séduisante par sa simplicité, cette explication n'est pas exacte. La plante est un appareil d'évaporation qui ne choisit pas les substances dissoutes dans l'eau du sol. Elle se trouve obligée de recevoir plus de calcaire qu'elle n'en demande réellement, mais elle a la propriété de se soustraire à une incrustation rapide en dissolvant la chaux dans des acides. Si le chaulage des terres n'avait d'autre objet que de fournir du calcaire aux plantes, il suffirait d'y consacrer des quantités fort restreintes de marne ou de chaux, car la récolte de pommes de terre d'un hectare contient en moyenne 9 kilogrammes de chaux; on en trouve 26 dans la récolte de froment, 24 dans celle de betteraves, et le trèfle en absorbe 100 kilogrammes. A quoi bon alors en donner au sol de 12,000 à 50,000 kilogrammes par hectare? La pratique cependant démontre que de grandes quantités sont indispensables pour obtenir de bons résultats. Voyons si la théorie nous expliquera cette contradiction apparente.

La chaux employée en saupoudrage au moment des semailles produit un effet analogue à celui d'une fumure légère au guano, soit à raison de 3 ou 4 quintaux par hectare. Dans ce cas, elle agit simplement en fixant l'ammoniaque du sol et en s'imposant à sa déperdition; c'est un moyen très-économique de fournir à la récolte un engrais ammoniacal.

Dans la Bretagne, la Sologne, les Landes, le Charolais, le Morvan, les Dombes, où l'on emploie le calcaire en abondance, on utilise surtout une propriété très-différente de la chaux, propriété conservatrice qui consiste à fixer, à rendre provisoirement insolubles, les matières noires des fumiers très-consommés. Délayez dans de l'eau un peu de ce *beurre noir* comme l'appellent les fermiers, et filtrez-le sur de la chaux, vous verrez que l'eau passera presque limpide. Mais la chaux ne fixe pas ainsi les éléments azotés des fumiers frais, et la pratique a dès longtemps fait adopter dans les régions où l'on amende par la chaux l'usage de fumiers très-consommés.

La chaux exerce encore dans le sol une action fort importante : elle rend solubles les phosphates combinés au fer ou à l'alumine ; mais pour cela il faut en employer des quantités considérables.

Quant au choix à faire entre la marne et la chaux, il dépend du prix de revient, à moins que l'on n'ait en vue, comme dans les terres de bruyère, de neutraliser par la chaux vive les acides du sol. De plus, les marnes contenant de l'argile conviennent mieux aux terres légères qu'aux terres lourdes et froides.

Lorsqu'on a commencé à employer la chaux dans la Mayenne, la production du froment par hectare était de 12 hectolitres. Seize ans plus tard le rendement était de 19 hectolitres. Depuis, la production des fumiers a notablement augmenté et l'on a continué le chaulage, mais le rendement est tombé à 16 hectolitres. Comment expliquer ces faits ? Pendant les premières années la chaux a déterminé la combustion, l'utilisation des débris organiques laissés dans le sol par les ajoncs et les bruyères : la récolte a augmenté. Mais, une fois cette *réserve* épuisée, la chaux n'a plus agi que sur les fumiers et n'a pas même permis au sol d'en absorber une partie pour se constituer une réserve d'azote : voilà pourquoi le rendement est rentré sous l'influence directe de la fumure annuelle. En 1830 on avait raison de dire que grâce à la chaux le froment pouvait remplacer le seigle et que le trèfle prospérait là où ne poussaient que des ajoncs ; mais aujourd'hui on n'est pas moins fondé à dire : *la chaux n'est point un engrais, et lorsqu'elle a produit tout son effet utile dans un terrain, il faut en cesser l'emploi.*

On utilise dans beaucoup de nos régions du littoral un amendement calcaire fort utile : c'est la *tangue*, sable vaseux très-riche en calcaire, qui se dépose aux bords de la mer, principalement à l'embouchure des fleuves. Les fermiers disent qu'elle agit principalement par le sel qu'elle contient ; mais s'il en était ainsi, le procédé d'amendement serait bien coûteux car le sel y reviendrait à près de 200 fr. les 100 kilogrammes. Notons en passant que l'on a fort exagéré l'utilité du sel, dont les bons effets ne se produisent que dans une terre riche : son action consiste spécialement à dissoudre et rendre assimilable le phosphate de chaux. Quant aux matières organiques, animales et végétales, elles ne sont pas très-abondantes, et il faudrait sous ce rapport, trente tonnes de tangue pour produire l'équivalent d'une tonne de fumier de ferme. Notons toutefois que la tangue renferme une assez notable proportion de phosphate, ce qui en fait un amendement calcaire de premier ordre.

Il y a une autre matière, fort employée dans les amendements, qui a suscité des discussions le plus souvent stériles et dont les effets n'ont été expliqués que depuis peu d'années : c'est le plâtre.

Des cultivateurs intelligents consultés par la Société d'agriculture de France ont été d'accord pour déclarer, d'après le résultat de leur pratique agricole, que le plâtre agit favorablement sur les prairies artificielles, pourvu que le sol ne soit pas très-humide ; qu'il n'augmente pas sensiblement la récolte des céréales ; qu'il ne peut suppléer à l'engrais organique, à l'humus du sol, et faire prospérer sur une terre stérile une prairie artificielle.

Pas plus que la chaux le plâtre n'est utile comme aliment direct des plantes. Les cendres de trèfle plâtré n'en contiennent pas plus que les autres. Des essais minutieux et des analyses comparatives prouvent qu'il ne favorise ni la production des nitrates ni la formation de l'ammoniaque. Ces faits négatifs étant écartés, voyons comment le plâtre se comporte dans le sol.

L'analyse prouve que le plâtre change en sels plus solubles les composés de potasse contenus dans la terre ; or la potasse joue un rôle important dans la culture de certaines plantes, elle est indispensable à la réussite du froment. Nous trouvons dans ce fait la confirmation de cette vérité fort importante, dont la connaissance aurait évité bien des mécomptes aux agriculteurs qui se livrent à des expériences : *l'analyse des cendres d'une plante n'indique nullement quel engrais lui convient le mieux.* Le froment, par exemple, qui contient beaucoup de silice et presque pas de potasse, n'est point amélioré par les silicates et exige de la potasse libre ; tandis que la pomme de terre, riche en potasse, bénéficie médiocrement de l'usage de cette substance comme engrais.

Le plâtre rend aussi plus solubles quelques sels ammoniacaux, de sorte que sa fonction consiste à *mobiliser* certains éléments du sol pour les mettre en contact avec les racines. De plus il fournit à la terre, par sa décomposition lente, une nouvelle quantité de carbonate de chaux. On peut expliquer aussi son influence heureuse sur certaines cultures en disant que par son action sur les composés de potasse il libère une portion de l'alcali et lui permet de dissoudre les éléments insolubles des fumiers et de l'humus, formés de carbone et d'azote, pour les rendre assimilables.

Tous les moyens d'amélioration dont nous venons de parler sont artificiels. Est-ce que la terre ne pourrait pas fournir elle-même à ses besoins et réparer par un travail spontané les pertes que lui font subir nos récoltes? Ne suffirait-il pas de la laisser reposer, comme on faisait autrefois, en ayant soin seulement de la labourer de temps à autre pour l'exposer aux influences atmosphériques? Faut-il donc renoncer à la jachère?

On a cru que pendant le repos de la jachère la terre s'enrichissait très-notablement en azote provenant de l'ammoniaque dissous par les brouillards, la rosée et les pluies. Elle en gagne certainement un peu par cette voie, mais il faut reconnaître que la plus grande partie se trouve évaporée ou entraînée par les eaux. Les cultivateurs répètent souvent que la neige engraisse la terre, et l'expérience leur donne raison en théorie et en pratique : seulement le dicton est fondé sur une fausse interprétation des faits. L'eau provenant de neige recueillie sur une terrasse contient dix fois moins d'ammoniaque que celle fournie par la fusion de la neige ramassée sur la terre d'un jardin. D'où vient cet excédant pour la neige en contact avec la terre? Elle l'a reçu des émanations du sol. Lorsque la couche de neige est assez épaisse, elle s'oppose à la déperdition d'ammoniaque, de sorte qu'elle exerce une influence bienfaisante, non pas en apportant des quantités notables d'azote, mais en prévenant la perte de celui que la terre aurait laissé échapper.

Une terre peut contenir beaucoup d'azote provenant de matières organiques, de l'humus en abondance et cependant se conduire comme une terre stérile. C'est que les composés azotés s'y trouvent à l'état insoluble : pour devenir utilisables par les végétaux, il leur faut subir une combustion par l'oxygène de l'air et former des nitrates. Pendant la jachère, le sol, souvent remué, absorbe de l'oxygène qui détermine dans son sein les combustions nécessaires à sa fécondité.

On constate encore que pendant cette période de repos, et sous l'influence des oxydations, des débris végétaux qu'elle contient, la terre absorbe une petite quantité d'azote de l'air, et que les phosphates y deviennent plus solubles.

De ces observations nous pouvons conclure que la jachère est utile, comme *pis aller*, dans les pays où manquent les engrais, parce qu'elle utilise les richesses naturelles du sol, mais qu'elle n'offre aucun avantage partout où l'on peut se procurer de l'engrais à un prix raisonnable. Dans les conditions actuelles de l'industrie agricole, il faut que la terre produise tout ce dont elle est capable. Il devient donc indispensable de lui fournir artificiellement les matériaux nécessaires à la dépense des récoltes sans cesse renouvelées. La grande science est de lui donner, pour chaque plante, les matières propres à son développement, soit à l'état d'aliment tout préparé pour ainsi dire, soit d'une manière indirecte en faisant agir une substance comme le plâtre sur les matériaux utilisables qu'elle contient.

Si le sol est assez riche par lui-même, l'addition d'engrais ne produira aucun résultat. Tel engrais qui réussit bien dans un certain sol est inefficace dans un autre : les céréales exigent des engrais plus riches en azote que les plantes légumineuses. La question des engrais est donc fort complexe; il faudrait un livre pour traiter à fond le sujet de ce chapitre, dans lequel nous avons confondu les amendements et les engrais, parce que les considérations générales auxquelles nous devons nous borner sont communes, en beaucoup de points, pour les deux classes de substances. Il est d'ailleurs fort difficile de séparer, même dans une définition, l'amendement et l'engrais, si l'on considère l'un et l'autre comme « une matière utile à la plante et qui manque au sol. »

En pratique, pour apprécier la valeur d'un engrais, on se contente d'ordinaire de déterminer sa richesse en matières azotées et en phosphates, ou plus strictement en azote assimilable et en acide phosphorique.

On dit généralement que les légumineuses sont des plantes améliorantes ; qu'elles enrichissent le sol, et la pratique semble prouver la justesse de cette assertion, car, dans l'*assolement quinquennal*, le second blé qui succède au trèfle et qui n'a reçu d'autre fumure que les débris de la plante fourragère, est souvent plus beau que le premier blé semé après des betteraves bien fumées. Les débris et racines de trèfle enfouis avant de semer le blé contiennent, par hectare, 28 kilogrammes d'azote, soit l'équivalent de cette matière dans 5000 kilogrammes de fumier de ferme. Voilà l'explication de leur bon effet. Mais il faut bien se garder de croire que le trèfle ne demande pas au sol une grande quantité de matériaux précieux. Une récolte de trèfle enlève par hectare 84 kilogrammes d'azote, tandis que le blé n'en retire que 36 à 44 kilogrammes. Pour l'acide phosphorique on trouve que le froment en prélève 38 kilogrammes et le trèfle dix-neuf. Le trèfle n'améliore donc point la terre, il lui prend au contraire beaucoup plus qu'il ne lui rend sous forme de débris et de racines : cependant le blé qui lui succède est fort beau. La raison en est fort simple. Le trèfle, comme le sainfoin et surtout la luzerne, enfonce très-profondément ses racines, et va chercher sa nourriture là où ne pénètrent jamais les autres plantes. Pendant ce temps la partie supérieure du sol se trouve au repos, en jachère partielle, et le blé y rencontrera, avec les débris du trèfle, les matériaux rendus assimilables par les réactions naturelles.

Les plantes marines ou goëmons constituent un engrais excellent, dont l'usage donne une plus-value énorme aux propriétés voisines de la mer. Grâce à son emploi, le produit de l'hectare s'élève dans l'île de Jersey à 5000 francs. Séchées à l'air, les plantes marines de nos côtes produisent un effet double de celui des meilleurs fumiers de ferme.

Les tourteaux de graines oléagineuses, résidus de la fabrication de l'huile, toujours riches en azote et en acide phosphorique, donnent d'excellents résultats dans la culture du blé, qui ne demande presque rien aux composés carbonés des fumiers.

Leur action est beaucoup plus rapide que celle du fumier, bien plus lente que celle du guano, mais dans l'effet comparatif des engrais il faut tenir compte de la continuité de leur influence. Ainsi le blé traité une première année avec de l'azote de fumier donnera moins que celui qui aura reçu de l'azote de guano ; mais, l'année suivante, le résultat sera contraire, parce que le guano aura été épuisé, tandis que le fumier aura laissé beaucoup de ses principes utiles.

Les feuilles ne donnent qu'un très-mauvais fumier, car leurs matériaux fertilisants, azote, phosphore, potasse, sont presque entièrement *résorbés* par les arbres avant la chute des feuilles et accumulés dans leur tissu pour servir, au printemps suivant, à la nourriture des bourgeons.

Nous pouvons ranger dans une seule classe les matières animales employées comme engrais ; elles offrent toutes le caractère fondamental de contenir peu de carbone, beaucoup de principes azotés et de phosphates. Le guano est celle qui a fait le plus de bruit et que l'on a payée le plus cher. Cet engrais consiste en déjections d'oiseaux de mer qui se réunissent, le soir, par troupes immenses, sur les rochers du rivage ou des îles, et qui se sont accumulées pendant des milliers d'années. Le meilleur, le plus riche en azote, provient des côtes du Pérou, parce que, la pluie y étant inconnue, tous les principes solubles s'y trouvent concentrés par la chaleur du climat. Malheureusement les dépôts de guano de bonne qualité sont à peu près épuisés, et l'on continue de vendre, à l'abri de leur réputation, des dépôts analogues, mais d'une valeur bien moindre. En effet, les guanos qui se trouvent dans les pays où il pleut, sont relativement pauvres en azote. Ainsi le guano des îles Cinchas contient 52 pour 100 de matières organiques représentant 14 parties d'azote, tandis que celui de la Bolivie, pays où il pleut, ne renferme que 23 pour 100 de ces substances, représentant un peu plus de 3 pour 100 d'azote. On vend aussi un guano provenant de l'océan Pacifique, qui contient à peine 1 pour 100 de matières azotées, mais 85 pour 100 de phosphates et 3 pour 100 de nitrates. On voit que le nom ne fait rien à la chose, et que l'analyse seule peut faire connaître la valeur réelle de cette substance. La colombine est une sorte de guano qui renferme d'ordinaire près de 8 pour 100 d'azote.

Les engrais de poisson préparés à Terre-Neuve avec des débris de morue donnent 9 pour 100 d'azote et 30 pour 100 de phosphates. Le sang, la chair des animaux sont utilisés de la même manière. La chair séchée contient environ 13 pour 100 d'azote et plus de 2 pour 100 de phosphate de chaux. Les chiffons de laine, les débris de corne, riches en azote, sont aussi utilisés comme engrais.

Les déjections de l'homme, les eaux d'égout renferment également des quantités considérables de matières azotées et phosphatées. Dans quelques pays, leur emploi est généralisé pour la petite et la grande culture. En France, des essais heureux font croire que l'on trouvera des moyens économiques de transformer ces résidus en engrais précieux.

Depuis quelques années, on a généralisé l'emploi des phosphates, qui donnèrent, dès les premières expériences, tous les résultats indiqués par la théorie. Ils proviennent des os des animaux ou de dépôts naturels de phosphate de chaux, dont quelques-uns consistent en déjections de poissons à l'état fossile. Les phosphates naturels, noir animal, os broyés, *nodules* minéraux, sont légèrement solubles dans l'acide carbonique de l'air, et conviennent très-bien aux défrichements. Cependant on préfère, dans les autres cas, les rendre plus solubles par une addition d'acide sulfurique. Associés au nitrate de soude du Pérou et aux sels ammoniacaux, ils constituent un excellent guano artificiel d'une composition constante. Il semble que les phosphates soient nécessaires aux plantes, et principalement aux céréales, pour favoriser le transport, la migration des éléments azotés des parties accessoires vers la graine. Leur emploi est toujours suivi de succès et leur commerce supplantera dans· un temps prochain celui des guanos actuellement offerts aux cultivateurs, qui contiennent peu d'azote et beaucoup de phosphates, mais dont la composition varie dans des limites trop éloignées pour que l'on puisse en connaître à l'avance la valeur et l'utilité.

On a cherché à établir un système de culture basé sur l'emploi exclusif d'engrais chimiques : sels de potasse, phosphates, guanos artificiels, sels ammoniacaux, etc., qui permettrait d'obtenir des récoltes abondantes sans recourir au fumier de ferme. Il est certain que, dans des circonstances spéciales, un établissement agricole pourrait réussir en appliquant ces principes. Mais quel serait le résultat si, après avoir transporté du laboratoire dans les champs la méthode de *culture chimique,* les fermiers n'entretenaient plus que le nombre d'animaux strictement nécessaires à leurs travaux et ne cultivaient que les plantes vendables au marché? Un tel système obligerait le pays qui l'adopterait à acheter sa viande à l'étranger. De plus, la quantité des matières premières azotées susceptibles d'être employées comme engrais chimique est fort restreinte : le bon guano est presque épuisé, le nitrate de soude du Pérou n'y existe point en quantités illimitées. Il arriverait un moment où, à force d'avoir porté aux champs l'engrais dans le creux de la main, on mettrait les récoltes dans la poche de son gilet.

Sans contester l'efficacité des engrais chimiques, on peut donc affirmer que leur emploi exclusif serait la ruine de l'agriculture. Celle-ci, prise dans son ensemble, ne peut prospérer et aller toujours s'améliorant que par l'emploi de l'engrais normal, du fumier de ferme.

Pour produire beaucoup de fumier, il faut que les animaux soient nourris à l'étable, et pour que le fumier soit bon, riche en azote, les aliments que l'on donne aux animaux doivent être eux-mêmes riches en ce principe. L'animal ne crée rien, il transforme, dégage et rend utilisables les produits bruts qu'on lui offre. Il ne perd rien non plus, car la seule partie de ses aliments qu'il rejette dans l'air sous forme d'acide carbonique, c'est le carbone, celle qui est le moins utile dans les engrais. Le reste se retrouve en chair ou dans les fumiers si on prend les précautions nécessaires pour faire absorber par les litières toutes les parties liquides. La meilleure économie consiste donc à entretenir beaucoup d'animaux et à leur donner la nourriture qui leur permet le mieux de transformer les aliments en chair, en lait, en travail et en fumier.

Les réactions qui se passent dans un tas de fumier sont trop complexes pour que nous les passions en revue. La chaleur qui se développe prouve qu'il s'y produit une combustion due à la présence de l'oxygène, et comme cette combustion en diminue le poids, il est bon de la modérer par des arrosages avec le purin que l'on rassemble à cet effet dans une fosse étanche. Le fumier doit d'ailleurs être à l'abri de la pluie, qui enlèverait les parties solubles de la surface et ôterait de sa force au purin.

Si l'on filtre sur une terre argileuse une infusion de fumier frais, on voit l'eau passer complètement décolorée et presque pure, ce qui prouve que la terre de cette nature possède la propriété de retenir les parties solubles du fumier. On peut donc le lui confier avant que sa décomposition soit avancée, sans crainte de voir ses principes utiles se perdre dans le sous-sol. De plus l'interposition du fumier pailleux dans les terres fortes y favorise mécaniquement l'action si utile de l'air. D'autre part les terres légères, sablonneuses laissent passer les éléments solubles des fumiers; on ne doit donc leur confier que les matières devenues noires et insolubles, qui peuvent seules s'y fixer. Ces matières noires, dernier produit de la fermentation, se brûlent lentement dans la terre, et leur décomposition donne naissance à des nitrates : elles constituent la « vieille force » qui s'accumule dans les exploitations bien dirigées. Leur combustion lente dans le sol par l'oxygène de l'air offre encore l'avantage de fixer une certaine quantité d'azote atmosphérique qui s'ajoute à celui déjà contenu dans l'engrais. C'est surtout dans nos régions méridionales, où le fumier est rare, qu'il est important de mettre à profit cette remarquable propriété des fumiers très-consommés.

Au lieu d'employer directement le fumier, on peut en faire des *composts* en le mêlant à des curures de fossés, des boues des villes, de la marne, de la craie. Il se forme dans le mélange une notable proportion de nitrates qui expliquent l'avantage que l'on peut avoir à former des composés de cette nature, mais dont la pratique seule peut déterminer l'utilité dans chaque terrain et pour chaque espèce de culture.

Quelque importantes que soient, en effet, les découvertes de la chimie agricole, les théories ne suffisent pas dans la science agronomique. Les théories sont nécessaires, elles ouvrent la voie à des expérimentations nouvelles souvent couronnées de succès, mais la culture se fait mieux aux champs que dans le laboratoire du savant; les raisonnements de dix académiciens ne vaudront pas toujours la constatation d'un fait par un paysan ; *la pratique éclairée, intelligente, raisonnante, doit juger en dernier ressort toutes les questions agricoles.* La routine n'explique rien et n'améliore jamais; le bon sens ne suffit point en fait de sciences pratiques; pour assurer le progrès, il faut que ceux qui cultivent la terre soient instruits, qu'ils sachent observer et interroger la nature et apprécier les faits à leur juste valeur.

HISTOIRE D'UN FROMAGE

En étudiant la manière dont se nourrissent les plantes, et spécialement celles qui sont destinées, comme le blé, à l'alimentation des hommes, nous avons insisté sur le rôle que l'azote joue dans leur développement. De même que l'on calcule la valeur d'un fumier par la proportion d'azote qu'il contient, on apprécie les substances alimentaires par leur richesse en azote. Tout aliment, en effet, doit contenir du carbone, destiné à être brûlé dans nos organes par l'oxygène de l'air, pour entretenir la chaleur, le mouvement ; de l'azote, employé à réparer les pertes constantes que subissent toutes les parties du corps, même à l'état de repos, et qui augmentent en proportion de la force musculaire développée par la marche ou le travail.

Les céréales semblent avoir reçu de la Providence la mission de concentrer pour l'usage de l'homme les deux éléments de sa nourriture sous une forme facile à recueillir, à conserver et dans des proportions telles que leur usage puisse, à la rigueur, suffire à l'entretien de la vie. C'est pour cela que l'épi accapare graduellement tous les principes azotés et la plus grande partie du carbone répandus dans les tiges et les feuilles pendant la croissance de la plante.

Les animaux dont nous mangeons la chair, ceux

que l'on nourrit en vue de la boucherie, deviennent pour nous des machines à condenser l'azote. Le foin, la paille, trop pauvres en matières nutritives et d'un tissu trop résistant pour être utilisés directement par l'homme, lui fournissent leurs éléments utiles, l'azote surtout, par l'intermédiaire des ruminants, dont la viande est très-riche en azote.

Grâce à cette admirable disposition de la nature, l'homme possède deux grandes sources d'alimentation : la viande et les autres produits des animaux, les plantes céréales et légumineuses. Le blé contient beaucoup plus de carbone que d'azote ; la viande est bien plus riche en azote qu'en carbone, de sorte que leurs qualités diverses permettent de combiner leur emploi de manière à former une *ration alimentaire* dans laquelle les deux éléments se trouvent parfaitement adaptés à nos besoins. Nous aurons occasion de revenir sur ce point; pour le moment nous voulons seulement établir ce fait : dans l'alimentation de l'homme, les matières azotées entrent pour une large part; ces matières sont beaucoup plus rares et plus coûteuses que celles riches en carbone, de sorte qu'il importe de les économiser et de mettre à profit toutes celles que l'on peut se procurer.

Nous avions besoin de ces explications préalables, pour faire comprendre le point de vue auquel nous traiterons le sujet de ce chapitre. Ce qui fait du fromage un article si important et si universellement répandu dans les pays agricoles, c'est sa composition chimique. La question de goût est ici tout à fait secondaire; il a fallu même, dans bien des cas, vaincre une répugnance naturelle pour acquérir l'habitude de manger ce produit dont les émanations révoltent souvent l'odorat. Mais le fromage nous représente de l'azote concentré sous une forme maniable, facile à conserver et à transporter, voilà ce qui explique la généralité de son usage. La recherche d'une saveur, d'un fumet spécial, qui fait trouver délicieux des fromages réellement en putréfaction, ne constitue qu'une dépravation du goût; mais l'usage de cette substance a sa raison d'être dans la rareté et le prix élevé des aliments frais riches en azote.

Pour faire l'histoire du fromage, étudier sa composition, les changements et les altérations qu'il subit, il nous faut remonter à son origine et nous occuper d'abord du lait.

Nous ne sommes curieux que pour les choses qui ne nous sont pas familières. Ce que nous voyons et employons chaque jour nous laisse le plus souvent indifférents. Cela tient sans doute à ce que la pensée qui cherche, le raisonnement, le désir de savoir n'étaient pas encore éveillés lorsque les objets les plus vulgaires ont exercé nos sens ou fourni à nos besoins. L'instruction élémentaire de la première enfance devrait développer et appliquer aux choses usuelles l'instinctif désir de connaître, en attendant que l'âge permette de compléter les premières notions.

Vous êtes-vous jamais demandé, en buvant une tasse de lait frais et écumeux, ce que c'est que ce breuvage qui joue un si grand rôle dans votre alimentation? Sans entrer dans des détails chimiques trop minutieux, nous allons vous le faire connaître : vous l'apprécierez mieux et ne l'aimerez pas moins.

Le lait de vache contient, en moyenne, 86 pour 100 d'eau, et vous serez peut-être surpris d'apprendre que la viande de bœuf en contient 78 pour 100, la chair de carpe 80 pour 100. Nous rapprochons ces chiffres pour montrer qu'une substance peut être fort nutritive tout en renfermant une proportion d'eau considérable, et qu'il n'y a pas une grande différence, sous ce rapport, entre le lait, qui semble une simple boisson, et la viande, aliment solide. Dans cette eau se trouvent dissoutes des matières riches en azote, dont la plus importante s'appelle *caséine* et forme la base des fromages ; ces matières azotées représentent un peu plus de 4 pour 100 du poids total. Au point de vue chimique, la caséine ressemble beaucoup à la *fibrine*, substance solide de la viande, des muscles, et au point de vue de l'alimentation, elle produit les mêmes effets.

Nous trouvons aussi dans le lait du sucre, dans la proportion de 5 pour 100. Or le sucre, comme la fécule, est très-riche en carbone, et les aliments féculents se transforment dans notre corps en une espèce de sucre avant d'être brûlés ; par conséquent la présence de cette substance dans le lait n'est pas seulement utile pour lui donner une saveur agréable.

Si l'on regarde au microscope une goutte de lait pur, on voit qu'elle est formée d'un liquide dans lequel nagent une multitude de petits globules. Ils consistent en une matière grasse très-complexe, le beurre, et comme ils sont plus légers que le liquide dans lequel ils sont suspendus, on les voit monter sous forme de crème à la surface du lait en repos. Le lait ordinaire contient près de 4 pour 100 de beurre.

Enfin l'analyse démontre dans le lait la présence de matières minérales parmi lesquels le *chlorure de sodium* (sel commun) et le *phosphate de soude* sont les plus intéressants. Pour être complète, l'analyse devrait mentionner du fer, du soufre, etc.; car le lait contient 23 substances connues.

Le lait de chèvre renferme moins d'eau que celui de vache; celui de brebis est le moins aqueux de

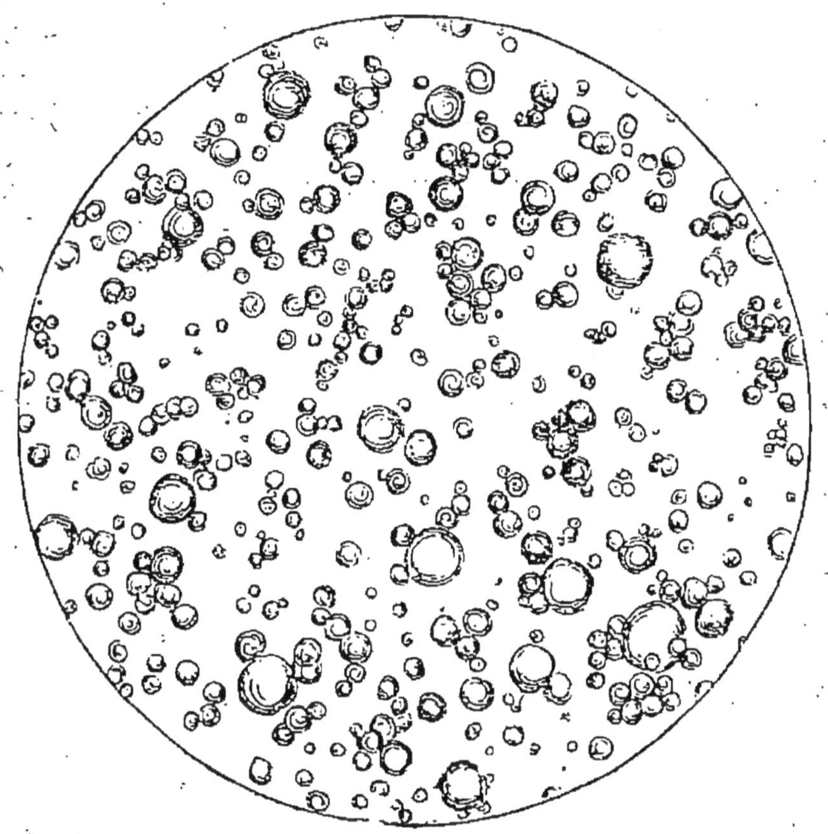

Fig. 54. — Goutte de lait vue au microscope.

tous. On trouve aussi une augmentation de sucre et de beurre dans le lait de chèvre et de brebis.

A part son odeur, qui est parfois assez prononcée, le lait de chèvre est plus nourrissant que celui de vache, puisqu'il contient moins d'eau, plus de caséine, de sucre et de beurre. Celui de brebis est plus riche encore; son odeur très-faible n'est pas désagréable, et il se prête admirablement à la fabrication des fromages.

Produire du lait, c'est pour le cultivateur la manière la plus économique et la plus rapide de transformer les végétaux pauvres en azote, en substances fortement azotées et d'une vente certaine. Des calculs authentiques prouvent qu'une vache bonne laitière à laquelle on donne chaque jour 10 kilogrammes de foin en sus de sa ration d'entretien, peut fournir jusqu'à 10 litres de lait, tandis qu'un bœuf recevant cette ration supplémentaire n'augmente que d'un kilogramme. Or si l'on calcule la valeur nutritive du fromage qu'on pourra fabriquer avec 10 litres de lait, en y laissant la crème, on trouvera, dans les circonstances les moins favorables, qu'elle représente environ 3 kilogrammes de viande.

La composition du lait est extrêmement variable. Elle dépend de l'âge des animaux, de la saison, de la nourriture, et, dans une même traite, les dernières parties sont beaucoup plus riches en beurre que les premières.

Si l'on maintient les vaches à l'étable pendant toute l'année, il est nécessaire de leur donner une nourriture variée et abondante, dans laquelle dominent les betteraves, les pommes de terre et les remoulages ; mais l'herbe des bonnes prairies est leur aliment le plus favorable.

On a imaginé divers instruments nommés lactomètres pour reconnaître la richesse du lait en beurre. Le plus simple consiste en une éprouvette ou tube de verre à pied sur lequel une échelle graduée permet de mesurer la hauteur occupée par la crème lorsque le lait est resté en repos dans l'éprouvette. Il peut être intéressant, dans les fermes, de reconnaître par ce moyen la qualité du lait de différentes vaches, et d'apprécier les résultats obtenus avec telle ou telle alimentation. Mais l'emploi du lactomètre par les inspecteurs de la police pourrait faire supposer injustement que le lait a été additionné d'eau, puisqu'une foule de circonstances et surtout le défaut de nourriture substantielle peuvent rendre aqueux un lait très-naturel. Pour éviter de se voir taxer de fraude, les marchands de lait devraient donc s'assurer d'avance de la qualité du liquide et enrichir les plus faibles en les mêlant à d'autres plus épais.

L'emploi du microscope permettrait aux inspecteur de reconnaître, non pas si le lait est étendu d'eau, mais s'il provient de vaches malades, ce qui est beaucoup plus important pour la santé publique. Dans ce cas on y voit des globules plus gros que la majorité de ceux du lait normal, mais clairsemés et accompagnés de masses granuleuses irrégulières.

A mesure que la crème monte, une fermentation naturelle y développe, aux dépens du sucre, de l'*acide lactique*, dont la présence fait cailler, c'est-à-dire coaguler la *caséine*, d'où s'écoule bientôt le petit-lait contenant en dissolution le sucre de lait et les sels.

Pour la fabrication des fromages, on hâte la coagulation au moyen de *présure* liquide dans lequel on a fait macérer le quatrième estomac des jeunes veaux.

Si l'on veut retarder la coagulation du lait pour le transporter pendant l'été, il suffit d'y ajouter un gramme de carbonate de soude par litre, addition tout à fait inoffensive pour les adultes.

Il y a en France plus de 6,000,000 de vaches

adultes produisant chacune, en moyenne, 933 litres
de lait, ce qui, au prix moyen de 13 centimes le
litre, donne un produit annuel de 121 fr. 30 c. Si
tout ce lait était employé à fabriquer du beurre, à
raison de 25 litres par kilogramme, on obtiendrait

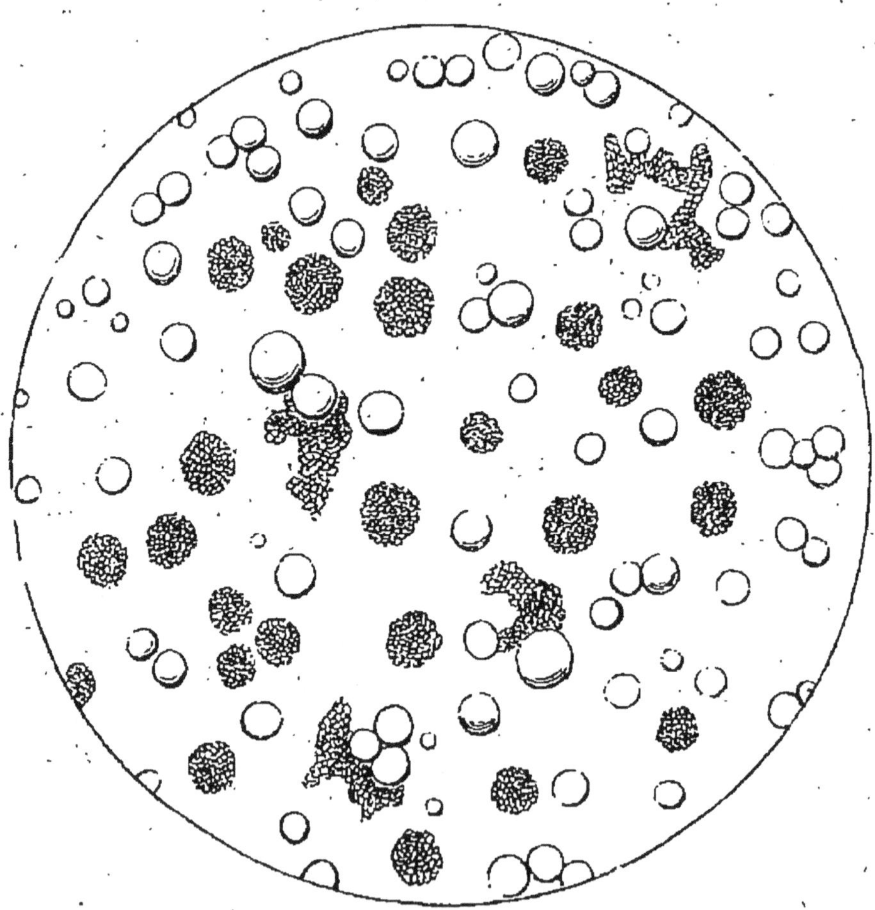

Fig. 55. — Lait de vache malade vu au microscope.

13,995,000 kilogrammes de ce produit, qui, à raison
du prix moyen de 1 fr. 75 c. le kilo, donnerait
24,491,000 francs. Si, au contraire, tout le lait était
transformé en fromage (sans l'écrémer), on fabri-
querait, à raison de 11 litres de lait par kilogramme

de fromage 508,909,090 kilogrammes, au prix moyen de 80 centimes, ce qui produirait 407,127,272 francs.

Si l'on n'avait pas la ressource de transformer en fromage la plus grande quantité du lait produit, on serait obligé d'abandonner aux animaux tout ce que l'on ne pourrait transporter dans les grands centres de consommation ou utiliser sur place dans l'alimentation. Il y a tout avantage d'ailleurs à le faire entrer pour une large part dans la nourriture de l'homme, puisque l'on évite ainsi les déperditions causées par la fabrication du beurre et du fromage.

On a calculé que le litre de lait vendu en nature rapporte en moyenne de 15 à 20 centimes; que, transformé en fromage, il vaut 10 centimes. Le beurre que l'on en retire vaut 0 fr. 078, et l'on bénéficie alors du lait pour l'élevage des veaux, mais, employé ainsi, il ne produit que 0 fr. 058 par litre; c'est donc la manière la moins lucrative de l'utiliser.

La fabrication du fromage permet en outre d'utiliser des quantités considérables de lait qui autrement se trouveraient perdues; c'est ainsi que, dans les grandes villes, on tire parti des excédents journaliers pour faire du fromage blanc ou à la pie, qui consiste en caillé égoutté : il renferme d'ordinaire 68 pour 100 d'eau, 15 pour 100 de substances azotées et 9 pour 100 de matières grasses, plus des substances non azotées et des sels.

Dans la préparation de certains fromages, on retire une partie de la crème afin d'obtenir une pâte plus ferme et de plus longue conservation; on a ainsi le bénéfice du beurre comme surcroît. Dans les laiteries bien montées, on se sert à cet effet

d'une crémeuse, qui consiste en une table munie
d'une rigole sur laquelle sont posés des vases coni-
ques en fer battu munis d'ajutages à la partie inférieure. Lorsque la crème est suffisamment montée,
on ouvre les ajutages, le lait s'écoule dans la rigole
et de là dans un seau ; on rebouche aussitôt que la
crème tombe au niveau des orifices.

Fig. 56. — Crémeuse.

La crème est quelquefois traitée par la *présure*
pour en faire de petits fromages de luxe destinés à
être mangés frais ou à subir des réactions analogues à celles des qualités communes.

Le *sérum* ou petit-lait, résidu de la fabrication
des fromages, contient, avons-nous dit, le sucre et
les sels minéraux ; il y reste toujours aussi des ma-

tières grasses et un peu de caséum. Dans quelques pays, notamment en Suisse, on l'évapore pour en retirer le *sucre de lait* employé en médecine; mais le plus souvent on l'emploie à délayer les sons et les issues de la mouture pour l'alimentation et l'engraissement des porcs.

Avant de décrire la fabrication de quelques-uns des fromages les plus importants à connaître, établissons la théorie générale applicable à toutes les espèces.

Lorsque l'on fait coaguler du lait au moyen de présure, à la température de 28 à 30 degrés centigrades, la caséine se contracte graduellement et emprisonne la matière butyreuse, tandis que le petit-lait (*sérum*) exsude naturellement. On favorise la sortie du sérum en coupant la masse, pendant qu'elle s'égoutte sur des toiles. Pour obtenir des fromages *faits*, on presse la caséine dans des moules, puis, lorsqu'elle est assez égouttée pour être maniable, on sale légèrement la surface et on expose le fromage ainsi préparé à un courant d'air dans un endroit frais. Il se forme bientôt à la surface des moisissures ou champignons microscopiques et il s'établit dans la masse une fermentation qui a pour conséquence de désagréger et de ramollir la caséine en même temps qu'il se produit plusieurs sels ammoniacaux à saveur piquante, et même de l'ammoniaque libre.

Le fromage de Roquefort doit son nom à un petit village de l'Aveyron où se trouvent de vastes souterrains naturels creusés autrefois par les eaux dans la roche calcaire, et que l'on a aménagés pour la préparation des produits auxquels le village donne son nom. Les fromages sont fabriqués dans toutes les fermes du plateau de Larzac avec du lait de brebis; ils pèsent à l'état frais de 3 à 4 kilogrammes. Les galeries de Roquefort sont spécialement propices aux transformations que doit subir la pâte. Leur température, en été, n'est que de 5 degrés, l'air s'y renouvelle naturellement par des crevasses dans les rochers, et leurs parois sont couvertes d'un champignon (le *Penicillium glaucum*), dont les germes s'introduisent jusque dans l'intérieur des fromages, s'y développent et donnent lieu à une végétation active qui favorise les réactions chimiques. Ces champignons produisent les lignes brunes-verdâtres qui marbrent la pâte des fromages bien faits : pour augmenter ces marbrures on ajoute d'ailleurs à la pâte du fromage du pain moisi réduit en poudre. Ceux-ci sont à point au bout de deux mois de séjour dans les galeries. Ils contiennent 34 pour 100 d'eau, 26 pour 100 de substances azotées et 30 pour 100 de matières grasses.

Il est à désirer que l'on établisse en France des *fruiteries* ou *fromageries* sur le modèle de celles qui fonctionnent en Suisse. Ce sont des associations en participation pour la fabrication des fromages. Chaque fermier envoie son lait à l'établissement et reçoit une part proportionnelle des profits. Le travail se faisant sur une large échelle et, les transactions n'étant soumises à aucune concurrence de voisinage, le prix de revient se trouve diminué et la vente est plus avantageuse. C'est ainsi que se fabrique le fromage dit de Gruyère, nom d'un village du canton de Fribourg. Cette espèce se distingue par l'absence de végétations, une pâte douce, homogène, grasse, demi-grasse ou maigre, selon que l'on emploie à sa confection du lait pur ou écrémé. Il doit ses qualités spéciales à la cuisson graduée du caillé, que l'on porte, à plusieurs reprises, à une température de 60 à 70 degrés. Lorsque les grumeaux sont bien séparés du petit-lait, on les place dans des moules en bois et on les presse pour exprimer ce qui reste de liquide ; lorsque la

Fig. 57. — Fabrication du fromage.

masse est assez ferme, on l'expose à l'air, on la retourne plusieurs fois par jour, puis on la descend à la cave. L'analyse y découvre 40 pour 100 d'eau, 31 de matières azotées et 24 pour 100 de substances grasses.

Le fromage de Hollande contient : eau 36, matières

azotées 29, et matières grasses 27 pour 100. Au lieu de chauffer le caillé, on sépare les grumeaux et on les ramollit avec de l'eau chaude pour les pétrir avec soin. Il ne produit pas de moisissures et se conserve mieux que tous les autres. On les imite fort bien en France et en d'autres pays.

C'est dans le département de la Seine-Inférieure que se prépare le fromage de Neufchâtel dit Suisse, sans doute à cause de son mode de fabrication. On le vend frais ou fait : il est très-riche en matières grasses, mais contient bien moins d'azote que les espèces précédentes.

Le Camembert, qui donne lieu à un commerce important, renferme 51 pour 100 d'eau, 19 pour 100 de substances azotées et 21 pour 100 de matières grasses. Il est fait avec du lait écrémé. C'est dans les départements de la Marne et de Seine-et-Oise que l'on fabrique le fromage de Brie avec du lait dont une partie est écrémé. Il est salé, à pâte molle, coulante ; son odeur n'est pas très-forte. Par sa composition chimique il se rapproche du Camembert ; on y trouve un peu moins d'eau et plus de matières grasses.

Le plus sec et le plus azoté des fromages est le Parmesan : il ne contient que 27 pour 100 d'eau, et les substances azotées montent à 44 pour 100, la proportion de matière grasse est de 15 pour 100 ; c'est un fromage cuit, que l'on prépare de manière qu'il se laisse réduire en poudre par la râpe.

On a remarqué que les fromages fabriqués à froid, le Neufchâtel, le Brie, le Camembert, le Roquefort, sont alcalins, tandis que ceux qui sont cuits, comme le Gruyère, le Hollande, le Parmesan, décèlent la présence d'un acide. Les premiers donnent naissance à des moisissures ; les seconds en sont exempts.

Plusieurs insectes attaquent le fromage ou y déposent leurs larves. Ses plus grands ennemis sont les cirons ou mites (*Acarus ciro*). Ils pénètrent dans la pâte à demi sèche, s'y multiplient et la désagrégent complétement. La mouche vert doré (*Musca cerrus*), la mouche commune (*Musca domestica*), la mouche de la pourriture (*Musca putris*), y déposent leurs larves, qui donnent à cet aliment un aspect repoussant devant lequel cependant ne recule pas le goût de quelques amateurs.

De plus, lorsque le fromage est trop fait, le *caséate d'ammoniaque* qui se forme aux dépens de la caséine, et auquel les bons fromages doivent leur goût spécial, se produit avec une telle rapidité qu'il enlève à la pâte ses principes les plus nutritifs et ce composé putride a causé en Allemagne plusieurs empoisonnements.

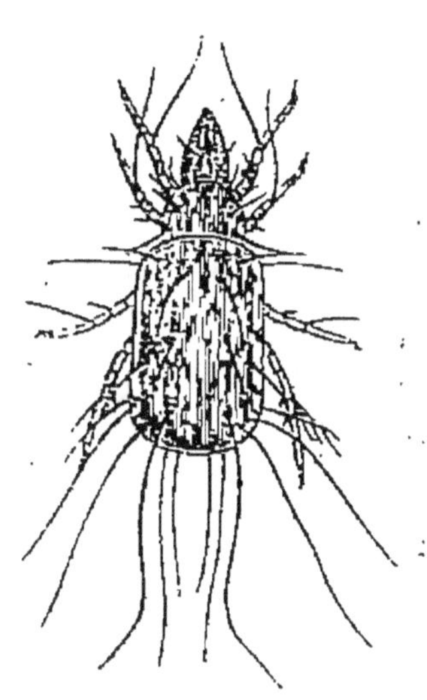

Fig. 58.— Mite du fromage de Gruyère, grossie.

Mais lorsque le fromage, préparé avec du lait non écrémé, est arrivé juste à point, il constitue l'aliment réparateur le plus riche sous le plus petit volume, et là où les paysans en consomment beaucoup, ils n'ont presque pas besoin de viande.

Faire du fromage, c'est donc produire, dans les conditions les plus économiques possibles, un aliment azoté pour l'usage de l'homme, au moyen des matériaux grossiers dont les animaux seuls peuvent faire leur nourriture et concentrer les éléments les plus utiles.

LA CUVÉE

On a fait de fort bon vin lorsque la chimie n'était pas même dans l'enfance, et depuis que cette science a transformé l'industrie, il faut avouer qu'on l'a prise pour complice de manipulations qui ne font rien gagner au jus de la vigne; on lui a même demandé des procédés pour fabriquer de toutes pièces une liqueur décorée du nom de vin, dont tous les éléments étaient fournis par le droguiste et le porteur d'eau.

Mais si la chimie peut servir à composer une imitation frauduleuse, elle offre également les moyens de la découvrir, de sorte qu'on ne peut, en somme, l'incriminer sur ce chapitre. Et s'il est vrai que l'on obtienne d'excellents vins en se conformant aux traditions de la routine, il faut reconnaître que les travaux récents des chimistes ont donné la clef des transformations que subit le jus du raisin pour arriver à l'état où il figure sur nos tables, ouvert la voie à d'importantes améliorations dans la fabrication, indiqué les moyens de conserver les produits et de remédier à leurs défauts. C'est la chimie qui nous permet d'apprécier, en le discutant d'une façon rigoureuse, le rôle que le vin est appelé à jouer dans l'alimentation, et cette question, généralement mal appréciée, mérite que nous lui consacrions quelques instants.

La vigne croît spontanément dans quelques parties de l'Asie, de l'Afrique et de l'Amérique. Il semble toutefois que les qualités actuellement cultivées pour la fabrication du vin soient, pour la plupart, originaires des contrées asiatiques les plus rapprochées de l'Europe. Elle s'accommode des sols trop pauvres pour produire de bonnes récoltes en légumineuses, en céréales ou en plantes industrielles ; les terrains calcaires et siliceux lui sont particulièrement favorables. On sait combien elle prospère sur les coteaux de la Champagne où la chaux forme la presque totalité du sol. Celui du Roussillon est un mélange de schistes friables, de gravier et de calcaire. Le fameux clos de l'Hermitage consiste en débris de granite ; des sables argileux produisent les crus de Graves et de Médoc ; les terrains volcaniques pauvres en calcaire et riches en silice donnent des vins d'excellente qualité. Il paraît que la composition du sol a moins d'influence sur la composition du liquide que sur le bouquet.

Les engrais qui conviennent le mieux à la vigne sont ceux qui contiennent beaucoup d'azote et un peu de soufre et dont la décomposition est très-lente, comme les râpures de corne, les débris de cuir, les chiffons de laine.

Les pays vinicoles sont compris, dans l'hémisphère septentrional, entre le 28e et le 51e degré de latitude, mais une foule de circonstances climatériques locales modifient l'influence générale de la position. A l'exception du cap de Bonne-Espérance, l'hémisphère austral n'a produit jusqu'à présent que des vins très-inférieurs. En France, sa limite atteint l'océan à Vannes, passe entre Nantes et Rennes, Angers et Laval ; Tours et le Mans, puis s'élève par Chartres, Paris et Laon.

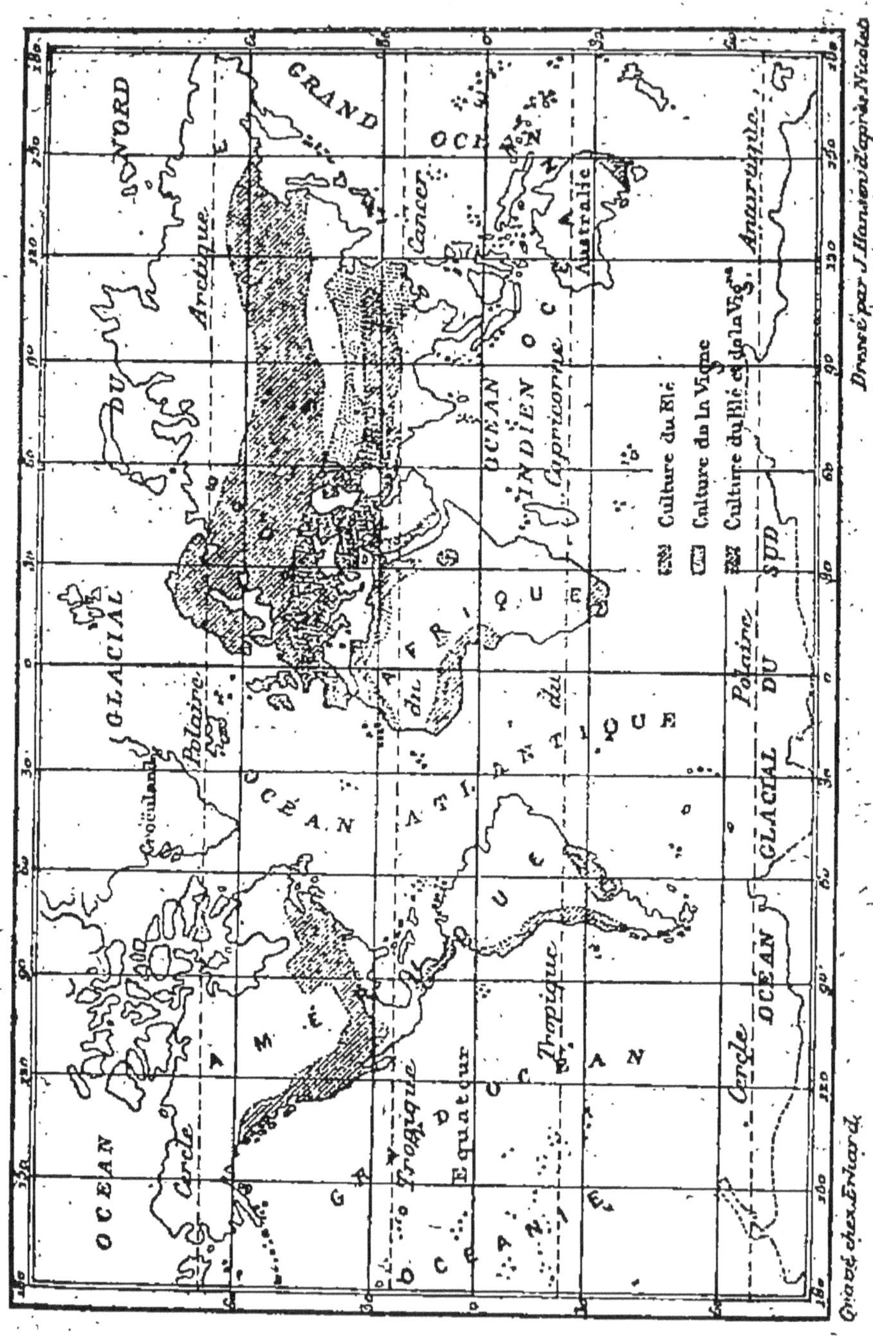

Fig. 59. — Carte de la culture de la vigne et du blé.

Notre pays se maintient au premier rang pour la production des vins de qualité supérieure et moyenne. Nous avons 2,200,000 hectares de vignobles qui fournissent, bon an mal an, 45,000,000 d'hectolitres valant plus de 800,000,000 de francs. Paris seul en consomme 3,000,000 d'hectolitres, nonobstant les droits élevés de l'octroi. Le reste de l'Europe récolte par année environ 66,000,000 d'hectolitres. Le climat tempéré de la France, la nature du sol, et aussi une supériorité incontestable dans les manipulations font que nos vins naturels sont partout les plus recherchés.

Malgré les craintes que le Phylloxéra cause aux viticulteurs, l'avenir de nos récoltes ne sera pas sérieusement compromis par cet insecte d'importation américaine ; la chimie est à l'œuvre, et saura bien faire une guerre à mort au dangereux parasite.

De nombreux essais de culture de la vigne se poursuivent, depuis une vingtaine d'années, dans les colonies anglaises et en Amérique. La plus grande difficulté qui se présente en ces pays consiste dans la richesse du sol. Sur une terre vierge, la vigne croît démesurément et les grappes manquent des qualités nécessaires pour donner du bon vin. Cependant les Américains, patients et industrieux, ont déjà vaincu les premiers obstacles. Les terres sablonneuses de Californie produisent aujourd'hui des vins blancs un peu mousseux, riches en alcool et doués d'un bouquet exquis.

Énumérer les vins connus dans le commerce général ou local pour en faire l'analyse et expliquer leurs propriétés serait une tâche aussi peu attrayante qu'inutile au point de vue pratique. L'Andalousie seule en compte 150 espèces, la France 570 ! Chaptal a fait une collection de 1,400 différentes sortes de vins : n'est-ce pas à désespérer les dégustateurs ?

Pour atteindre le but que nous nous proposons, il nous suffit d'étudier deux ou trois types, pour nous rendre compte des procédés de fabrication, des transformations qu'ils subissent et de leur valeur alimentaire.

On trouve dans tous les fruits de la vigne les mêmes substances, mais en quantités variables qui dépendent du cépage, de l'exposition du sol, de la culture, du climat et de la saison. Les plus importantes à connaître sont celles-ci : eau, cellulose, matières azotées, tannin, huiles volatiles, couleurs jaune, bleue et rouge, sels de chaux, de potasse, de magnésie, de soude, parmi lesquels dominent les tartrates ou sels à base d'acide tartrique ; enfin un peu de fer, de soufre, de phosphore et de silice. La fermentation transforme une partie de ces substances et le repos laisse quelques autres se déposer sous forme de lie.

La première opération dans la fabrication du vin consiste à écraser les grains pour en extraire ensuite le jus par la pression. Il est temps de renoncer à l'ancienne coutume du *foulage*, dont le moindre défaut est peut-être le manque de propreté. On a inventé diverses machines peu coûteuses, qui broient exactement le raisin, travaillent avec une grande rapidité et contribuent pour beaucoup à la qualité des produits. Espérons que leur usage se répandra dans les plus petites exploitations. On ne pourra manquer d'apprécier leur utilité et l'économie qu'elles apportent dans le travail. Quant aux pressoirs, il y a aussi beaucoup à améliorer ; mais si leurs défauts diminuent la quantité du *moût*, ils n'offrent pas du moins l'inconvénient d'en altérer la qualité. Pour fabriquer les vins fins on commence, dans beaucoup de vignobles, par procéder à l'*égrappage*. Lorsqu'il ne se fait pas au

Fig. 60. — Foulage du raisin et cuves de fermentation.

moyen d'un appareil à châssis, on emploie simplement un *trident* en bois qui atteint assez bien le but.

Une fois égrappé et broyé, le raisin est pressé pour en extraire le jus, qui prend le nom de *moût*, et que l'on verse dans de grandes cuves. Parmi les substances azotées du moût il en est une qui agit à la manière d'un ferment, comme celui qui se déve-

Fig. 61. — Égrappoir à châssis.

loppe dans l'orge en germination et transforme l'amidon en principes solubles, *dextrine* et *glucose*. Pour le vin, l'action du ferment consiste à décomposer le sucre du moût pour le transformer en alcool et en acide carbonique.

Ce travail chimique donne naissance, en outre, à la formation de glycérine et de très-petites quantités de matières odorantes qui joignent leur arome aux huiles essentielles contenues dans le raisin, pour compléter le bouquet. L'odeur vineuse proprement dite est due spécialement à une huile odo-

Fig. 62. — Égrappage au trident.

rante peu volatile, nommée *huile de vin,* que l'on peut produire artificiellement au moyen d'acide sulfurique et d'alcool. Quant à l'arome spécial des vins de divers crus, il est dû à des proportions variables d'*éther œnanthique* et d'autres éthers complexes unis à de très-petites quantités d'huile essentielle volatile. L'intensité du bouquet provient en grande partie de la parfaite maturation du raisin et des soins minutieux apportés à la fabrication. Ce parfum naturel des vins est resté jusqu'à présent inimitable.

La transformation du sucre en alcool et en acide carbonique donne lieu à un dégagement de bulles de gaz et à une élévation considérable de température. Pendant cette fermentation tumultueuse le gaz entraîne à la surface tous les débris légers du raisin qui forment le *chapeau*. Si l'on dérangeait cette couche protectrice, imprégnée d'acide carbonique, et d'où l'air est exclu, on donnerait accès à celui-ci à la surface du liquide, et son oxygène agissant sur l'alcool déjà formé le changerait en *acide acétique*, où vinaigre. Le gaz acide carbonique étant plus lourd que l'air forme, au-dessus du chapeau, une atmosphère irrespirable. Sa présence a causé mainte fois l'asphyxie des vignerons qui n'étaient pas en garde contre ce danger. Tout en évitant des courants d'air violents qui balaieraient entièrement l'acide carbonique du chapeau, il faut donc assurer un renouvellement modéré de l'air dans les celliers de fermentation, afin que le gaz asphyxiant ne s'accumule pas auprès du sol, et l'on doit surtout éviter de respirer l'atmosphère des cuves.

La fermentation tumultueuse dure quelques jours, elle est apaisée dans la huitaine. On reconnaît que l'opération est terminée lorsque le moût, devenu du vin, offre une belle couleur limpide. On soutire alors le liquide dans des fûts où s'établit une nouvelle fermentation très-lente, accompagnée de dégagement d'acide carbonique. Lorsque la seconde fermentation est terminée, on soutire de nouveau, afin de séparer le vin de la lie. Dès qu'un vin ne produit plus d'acide carbonique, dont la présence s'oppose à l'accès de l'air, il est nécessaire de le maintenir dans des réceptacles où l'oxygène de l'atmosphère ne puisse pénétrer, sous peine de le voir tourner plus ou moins à l'aigre, par la formation d'acide acétique aux dépens de l'alcool.

Après plusieurs soutirages le vin est *collé* au moyen de gélatine ou de blancs d'œufs que l'alcool rend insolubles et qui entraînent lentement vers la partie inférieure les dernières traces d'impureté qui nuisaient au brillant de la liqueur. Toutefois, tant que le vin gagne en qualité, le travail intérieur continue. On peut dire que c'est un liquide *vivant*, et qu'il se détériore lorsque la vie cesse de l'animer. Les actions chimiques sont du reste fort lentes dans un liquide clarifié et épuré avec un soin minutieux, mais elles persistent, et c'est par elles que les bons vins s'améliorent pendant un grand nombre d'années.

Des travaux récents ont permis d'apprécier l'influence de la chaleur sur la bonification et la conservation des vins. Ce n'est pas que la question soit nouvelle. Sans remonter aux Romains, qui chauffaient, cuisaient et même desséchaient leurs vins, ce qui les transformait en sirops ou en candis, l'usage de cuire les vins est vulgaire en Espagne. La coutume en est vieille en France. Nous trouvons dans un almanach édité à Troyes en 1708 que le chauffage des vins est indiqué comme moyen de les vieillir et de les améliorer. En Bourgogne, on mettait les fûts dans une étuve, on les débondait, et on les maintenait un mois ou plus à une température de 26 à 28 degrés ; on arrivait au même résultat en faisant passer un jet de vapeur dans un foudre plein de vin, au moyen d'un serpentin. Un livre publié en 1827 décrit un procédé identique à ceux que l'on a mis en vogue depuis quelques années.

Mais nous n'avons pas à établir ici une question de priorité; occupons-nous seulement des résultats pratiques. Le vin chauffé pendant 30 à 36 heures à une température de 60 à 80 degrés, puis laissé en repos quinze jours, est limpide, décoloré; la sève et le bouquet ont acquis une intensité notable, mais un peu anormale. Au bout de six mois il s'est formé un dépôt abondant; le liquide est devenu couleur pelure d'oignon, la sève et le bouquet sont conservés, mais s'éloignent d'avantage du type. Plus tard, les bonnes qualités se perdent rapidement : le vin passe, il *meurt*, comme ceux que l'on a conservés trop longtemps dans l'espoir de les améliorer indéfiniment. Le résultat du chauffage consiste donc à vieillir rapidement le vin, de manière à lui donner pour un temps assez restreint une fausse apparence de vin vieux, mais il y a toujours une altération notable de la sève et du bouquet. De plus les liquides ainsi traités doivent être consommés immédiatement. Les vins chauffés sont améliorés au point de vue de la limpidité, de la saveur, mais un peu dénaturés; ce sont en quelque sorte des vins factices, et le dégustateur ne s'y trompe pas. Cette pratique doit, pour cette raison, être absolument rejetée quand il s'agit de vins de bonne qualité qui gagnent plus en valeur chaque année qu'ils ne coûtent à entretenir. Mais pour les petits vins plus ou moins acides, dépourvus de sève et de bouquet, le chauffage est utile, puisqu'il les adoucit et y développe un certain parfum.

Le chauffage, s'il est poussé assez loin, détruit la vitalité d'un champignon microscopique ou *mycoderme*, dont la présence hâte singulièrement la transformation du vin en vinaigre ; il agit de même sur la végétation qui cause la *graisse* et rend les vins filants. Les autres maladies ordinaires étant dues à une fermentation anormale de matières azotées dissoutes dans la liqueur, peut-être à d'autres ferments organisés, il est naturel d'attribuer au chauffage une action utile contre toutes ces causes de désorganisation, surtout s'il est suivi d'un collage qui précipite les impuretés.

Il y a donc du pour et du contre dans cette question, généralement mal appréciée. Les bons vins, ceux qui doivent leur valeur à une personnalité bien reconnue, qui sont classés d'après leurs qualités propres, toujours identiques et bien distinctes, ne peuvent que perdre par une manipulation qui les amène trop tôt à la caducité et fait disparaître ou du moins dénature leur bouquet et leur sève ; mais les vins communs, grossiers, impurs, sujets aux maladies, ne peuvent que gagner et ne courent aucun risque.

Lorsque le vin ne fermente plus en apparence, qu'il est bien clarifié, d'une couleur jaunâtre et brillante, on peut dire que les éléments qui le constituent sont l'eau, l'alcool, le tannin, le *tartrate acide de potasse* (crème de tartre), un peu d'acide acétique et les principes odorants.

Ce que nous avons constaté dans le vin rouge, qui nous a servi de type, s'applique également aux vins blancs. Ceux-ci se retirent souvent des raisins noirs lorsque l'on prend soin de soutirer le moût avant que l'alcool en voie de formation ait dissous les principes colorants. Les vins mousseux doivent ordinairement leur propriété spéciale à l'addition d'une petite quantité de sucre, dont la fermentation lente dans les bouteilles donne de l'alcool et de l'acide carbonique.

Ou bien, au lieu d'ajouter du sucre à du vin parfaitement soutiré et tranquille, on a soin de mettre en bouteilles un peu avant la fin de la fermentation.

La quantité d'alcool naturellement formée pendant la fermentation dépendant de la quantité de sucre et de matières fermentescibles contenues dans les moûts, puis de la manière dont est conduite la fermentation, il est évident que la proportion d'alcool dans le vin arrivé à son état de perfection dépend, pour le même cru, de la saison sèche ou pluvieuse, de l'état de maturité du raisin au moment de la récolte et des procédés de fabrication. Ce n'est donc que d'une façon approximative que l'on peut établir la quantité moyenne d'alcool contenue dans les diverses espèces de vins; toutefois les chiffres suivants sont suffisamment exacts pour les déductions pratiques qu'ils suggèrent.

Proportion d'alcool contenue dans différents vins :

Bordeaux (ordinaire)	9	pour 100
Bourgogne	10	—
Champagne	14	—
Roussillon	18	—
Hermitage (blanc)	17	—
— (rouge)	12	—
Sauterne	14	—
Graves	12	—
Grenache	21	—
Porto	20	—
Sherry	17	—
Madère	22	—
Rhin (ordinaire)	10	—

Maintenant que nous connaissons la composition du vin, nous pouvons nous demander si l'alcool, le tannin, la crème de tartre et les parfums qu'il renferme sont nécessaires à l'homme dans les conditions normales de santé. La réponse est évidemment négative. Analysons l'effet des divers éléments de ce breuvage pour nous rendre compte de son utilité et en fixer, s'il se peut, les limites.

La crème de tartre et le tannin sont des toniques astringents dont l'effet, à petites doses, se manifeste sur les systèmes nerveux et musculaire. Leur destruction ou combustion dans l'organisme humain produit une certaine quantité de chaleur, grâce au carbone qu'ils contiennent : ils agissent en cela comme le ferait un poids de sucre à peu près égal au leur. Les substances odorantes exercent sur l'estomac et le système nerveux l'effet de tous les excitants de l'ordre des épices et des parfums. Or les substances de cette classe doivent être employées avec beaucoup de circonspection; elles ne sont jamais nécessaires dans l'état de santé, et leur rôle utile consiste à stimuler momentanément les organes, à leur permettre de remplir plus activement leurs fonctions ralenties ou suspendues. Ce sont des remèdes, et si l'on s'accoutume à leur effet alors qu'il n'est pas nécessaire, les organes perdent l'habitude d'agir par eux-mêmes, et, l'accoutumance s'accroissant toujours, il faut augmenter graduellement les doses pour obtenir le même résultat.

Passons à la partie du vin qui le fait le plus rechercher et le rend spécialement dangereux. L'alcool, très-riche en carbone, ainsi que le sucre dont il provient, n'est pas utilisé dans notre corps comme source de calorique, il n'est pas brûlé ainsi que les autres substances à base de carbone, matières grasses, sucre ou fécule, ou du moins, s'il en disparaît ainsi une petite quantité, elle est insignifiante. Nous rejetons l'alcool par la peau, les poumons et les excrétions tel que nous l'avons bu. Il ne fait donc que passer dans nos organes, il les imprègne, s'accumule de préférence dans le cerveau, les nerfs et le foie, puis est lentement éliminé. Même à faibles doses, il agit à la manière des poisons excitants. Il produit une fièvre passagère qui se traduit par une chaleur insolite. Cette fièvre, mal interprétée, a fait croire que l'alcool réchauffait; il n'en est rien, car il ne se transforme pas lui-même, et au lieu d'activer les combustions naturelles du corps il les retarde : c'est là justement sa seule qualité. L'alcool, en effet, pris à petites doses, paralyse un peu l'activité vitale, et ralentit l'*usure* des tissus. Tel est son effet secondaire, celui qui succède à la fièvre alcoolique. Si la fièvre a été intense par suite d'une ingestion considérable du poison, la réaction sera proportionnelle, il y aura perte des forces et refroidissement; c'est ce qui arrive aux personnes qui boivent de l'eau-de-vie en hiver pour se réchauffer.

Cependant, si vous faites remarquer à un ouvrier, sobre du reste, qu'il boit beaucoup de vin, il vous répondra infailliblement que cela lui est nécessaire, que le vin le *soutient*. Il y a dans cette croyance populaire une erreur qu'il importe de déraciner. Un litre de vin ne fournit pas au corps plus de matières combustibles que dix grammes de fécule; il ne contient, pour ainsi dire, rien de propre à faire des muscles ou aucun autre tissu vivant. Son action est donc limitée, en pratique, à la *stimulation* que causent les éléments du bouquet et à la *fièvre alcoolique*. Cette fièvre, c'est le *coup de fouet* qui permet de faire effort et d'obtenir à un moment donné un excédant de travail, mais le fouet ne nourrit et ne fortifie pas plus le cheval que l'alcool ne constitue pour l'homme une source de nourriture et de force.

Voulez-vous avoir en même temps la clé de la question et sa solution pratique ? Les voici. L'ouvrier boit trop, parce qu'il se nourrit mal, et il se nourrit mal, parce qu'il boit trop. Nous reviendrons sur ceci en détail dans un autre chapitre, mais nous devons expliquer dès à présent ces deux aphorismes jumeaux. Que l'ouvrier se contente d'un tiers de litre de vin par jour et qu'il emploie le prix du reste en aliments solides, réparateurs, œufs, viande, fromage. Le corps, se trouvant suffisamment nourri, ne demandera pas l'excitation factice de l'alcool. Plus de force, plus de santé, un esprit plus libre, une âme plus accessible aux sentiments d'affection, d'honneur, de patriotisme, tels seront les résultats de ce simple changement de régime. Les ouvriers, les sobres et honnêtes gens qui forment la majorité des classes laborieuses, ne savent pas cette vérité élémentaire : il faut la leur offrir sous son aspect le plus pratique, pour en obtenir les plus grands résultats. *Enseignez aux travailleurs à se nourrir, chose bien prosaïque, et vous augmenterez du même coup la sobriété et la moralité.*

Loin de nous donc la pensée de prêcher une croisade contre le vin et de conseiller une abstention absolue, surtout dans les villes, où la vie factice entraîne forcément un régime spécial. Mais nous disons : Que la ration journalière ne dépasse pas, pour l'homme, un tiers de litre ; quand vous voulez fêter un ami, ne le conduisez pas au comptoir du marchand de vin où vous paierez cher un mélange douteux ; emmenez-le chez vous, et là, en famille, décachetez une bonne bouteille ; vous trouverez au fond la saine gaieté gauloise que la licence et l'ivresse bannissent du cabaret.

CHIMIE DE LA CUISINE

Il est certain que l'on peut être un parfait *cordon-bleu* sans savoir un mot de chimie, et sans doute on ne voit pas, au premier abord, ce que cette science peut avoir à faire avec la cuisine. Aurait-elle la prétention de nous apprendre l'art de soigner le pot-au-feu, de rôtir un gigot ou de confectionner une tarte ? Ce serait, à coup sûr, beaucoup de présomption ; aussi la chimie, très-modeste, ne s'occupe de ces choses qu'à son point de vue spécial. Ce que le *chef* ou la ménagère préparent fort bien, grâce à un apprentissage en règle, le chimiste l'étudie, l'analyse, pour se rendre compte du pourquoi de chaque opération, de ses conséquences, de ses avantages ou de ses dangers. Il cherche les causes, et en les expliquant permet d'apprendre plus vite les pratiques de la tradition, d'éviter les erreurs de la routine, de chercher des améliorations sans faire des essais aventureux.

On a tort de croire que la science n'a pas d'affinité pour les choses simples : c'est en se mettant en rapport avec tout le monde et en s'occupant des intérêts les plus familiers qu'elle touche à son but et reçoit sa récompense.

Quoi de plus simple, en apparence, que de faire du pain ? Eh bien, il a fallu les efforts persévérants d'un chimiste pour découvrir que la couleur bise et l'acidité du pain d'ailleurs bien préparé étaient dues

à une substance spéciale, la *céréaline*, dont on
peut se débarrasser par un blutage perfectionné,
ce qui permet de retirer un surplus de 10 pour 100
en farine blanche et de consommer un pain plus
agréable. Des chimistes ont introduit en Angleterre
un nouveau système de panification dans lequel le
ferment, la levûre, sont supprimés.

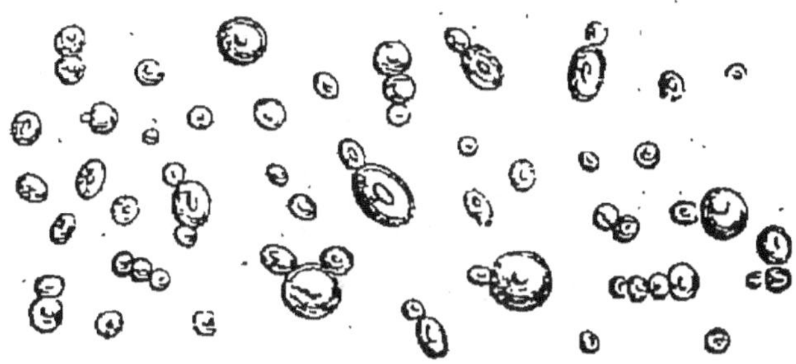

Fig. 63. — Végétation de la levûre.

La levûre consiste essentiellement en une plante
microscopique formée de petites cellules attachées
les unes aux autres et qui se multiplient avec une
rapidité extraordinaire. Leur présence dans la pâte
transforme une partie de l'amidon en matière sucrée qui se décompose elle-même en alcool et en
gaz acide carbonique. Les bulles de gaz retenues
par le *gluten* élastique et visqueux, font *lever* la
pâte. Un peu de pâte contenant de la levûre en végétation peut servir de levain pour une seconde
opération; c'est ainsi que l'on procède d'ordinaire
dans les campagnes. Mais il arrive souvent que
cette pâte s'aigrit : l'alcool en présence de l'air s'est
changé en acide acétique ou vinaigre, et la végétation microscopique est presque entièrement dé-
truite. Ce levain acide mêlé à la pâte y produit un
fâcheux résultat. La plante du ferment se développe mal, il se forme peu de gaz ; de plus, le glu-

ten se ramollit en présence de l'acide, et laisse échapper le peu d'acide carbonique produit, de sorte que la pâte reste lourde et fournit un pain mat, de couleur foncée, d'une saveur aigre, dans lequel les moisissures se développent rapidement.

Beaucoup de paysans croient que cette masse peu appétissante et d'une digestion assez difficile est préférable au pain de ménage des villes ; *on en consomme moins*, disent-ils, et cette apparente économie leur rend cher un préjugé qu'il importe de combattre. L'homme qui travaille n'économise rien en se privant de nourriture, car le travail n'est que la transformation de l'aliment en force, et si l'aliment fait défaut, c'est la substance même du corps qui s'use et se brûle à sa place, comme nous l'expliquerons dans notre dernier chapitre.

Pour éviter les inconvénients qu'entraîne l'emploi de la levûre, des chimistes ont proposé de faire lever directement la pâte au moyen de gaz acide carbonique dissous dans l'eau ; leur système se réduit à pétrir la farine dans un appareil hermétiquement fermé, dans lequel on fait arriver de l'eau de seltz. Le pain préparé par ce procédé est très-blanc, léger, à pâte très-homogène, le goût de froment n'y est altéré par aucune saveur étrangère. Si l'on n'adopte pas généralement cette méthode nouvelle, qui réclame une installation assez coûteuse, il est à souhaiter au moins que l'on vulgarise l'usage des pétrins mécaniques mus par un manège ou par la vapeur. Ils consistent en un demi-cylindre dans lequel un système de lames de fer tournent, soulèvent et allongent la pâte.

Chacun connaît la différence de goût qui caractérise la viande de bœuf selon qu'elle a été bouillie, grillée rapidement ou lentement rissolée à la broche. Pour se rendre compte de ce qui produit ces saveurs diverses, il faut d'abord connaître la com-

Fig. 64. — Pétrin mécanique.

position de cette substance. Supposant que toute la graisse ait été éliminée, elle contient pour 100 parties :

Eau 77,17
Fibre charnue, nerfs, vaisseaux. 15,80
Tendons, etc., produisant de la gélatine.... 1,90
Albumine 2,20
Substances solubles dans l'eau (sels, etc.)... 1,05
Substances solubles dans l'alcool........... 1,80
Phosphate de chaux........................... 0,08

La viande qui a chauffé lentement dans l'eau se trouve avoir perdu les matières gélatineuses, l'albumine et les sels solubles, soit environ 5 pour 100

de son poids, et la fibre charnue se trouve imbibée
de bouillon, au lieu de l'être par les sucs naturels
plus sapides et plus nourrissants. Si une tranche
de bœuf est grillée sur un feu vif, l'albumine, analogue à celle de l'œuf, se coagule immédiatement à
la surface, obstrue les pores et maintient prison-
niers les sucs, tandis qu'une torréfaction légère de
la partie superficielle développe un arome spécial
nommé *osmazôme*, qui contribue par ses propriétés
stimulantes à rendre la viande plus digestible. La
viande rôtie devant un feu vif conserve aussi ses
sucs par la coagulation de l'albumine ; à mesure
qu'elle roussit et se caramélise à la surface, il se
produit une quantité considérable d'osmazôme.

Au risque d'être taxé d'incompétence, nous
allons utiliser l'analyse de la viande dans la question toute pratique du pot-au-feu. Nous venons de
voir que la viande bouillie dans l'eau ne peut abandonner à ce liquide que 5 pour 100 de son poids. En
pratique elle lui cède moins encore ; cette quantité
si minime est constituée pour plus de la moitié par
des sels minéraux ; le reste consiste principalement
en gélatine, substance très-peu nutritive, et en quantités impondérables d'aromes. Il est utile de bien apprécier ces faits, afin d'éviter les illusions ordinaires
sur la valeur nutritive du bouillon pour les personnes en bonne santé, et surtout pour les malades. Le
plus souvent, on compte trop sur cette préparation
pour soutenir les forces ; il y a moins de nourriture
dans le meilleur bouillon que dans la bière commune.
D'autre part, on fait fi volontiers du bouilli, croyant
qu'il a donné au bouillon ses principes les plus nutritifs, tandis qu'il n'a rien perdu de la fibre musculaire,
la *fibrine*, qui constitue sa valeur comme aliment.

Pour obtenir un bon pot-au-feu, il importe de mettre le sel dans l'eau en même temps que la viande, car il favorise la coction et contribue à retenir les principes aromatiques. L'*écume* qui surnage est formée d'albumine coagulée, qui provient de la viande et des légumes. Il faut respecter la couche de graisse qui couvre la surface, et pour cela laisser à peine bouillir le liquide. Cette couche protectrice s'oppose à l'évaporation de l'eau et surtout à la déperdition des principes odorants. La marmite norvégienne donne à tous ces points de vue d'assez bons résultats. Elle consiste en une marmite ordinaire en fonte, qui s'adapte exactement à l'intérieur rembourré d'une boîte de bois. Une fois le pot-au-feu écumé, on l'enferme dans la boîte et le rembourrage formé de substances mauvaises conductrices de la chaleur, ouate, feutre, laine, maintient le tout à une température suffisamment élevée. Au bout de cinq à six heures le bouillon est prêt.

Certains légumes, principalement les choux, les oignons, les navets, dégagent pendant leur cuisson de petites quantités d'acide *sulfhydrique* dont le bouillon demeure imprégné; tous d'ailleurs lui donnent des propriétés acides. Voilà pourquoi il est bon, en été, d'en diminuer la dose et de maintenir sur le bouillon la couche de graisse figée qui le préserve du contact des ferments invisibles répandus dans l'air. Rappelons aussi que, pour rendre ses bonnes qualités à du bouillon légèrement aigri, il suffit d'y éteindre, en agitant la masse, quelques charbons incandescents qui absorbent le gaz nuisibles dissous dans le liquide.

Les bouchers sont parvenus à répandre la croyance que les os exercent une influence des plus heureuses sur les qualités du bouillon. Cela leur procure de gros bénéfices. Cependant il importe de désabuser ceux qui les croient sur parole. Les os ne cèdent au bouillon que de la graisse et une très-petite quantité de gélatine. Or la gélatine est le plus pauvre des aliments, et comme la graisse est toujours en excès dans le bouillon, on voit que l'utilité des os est tout à fait imaginaire.

On peut voir par ces détails que la science du pot-au-feu n'est pas tout à fait à dédaigner. L'expérience et la tradition conduisent souvent, il est vrai, à des résultats satisfaisants, mais il est plus sûr de savoir le pourquoi de chaque chose et les occupations les plus humbles en apparence acquièrent un intérêt tout nouveau lorsque le raisonnement remplace la routine.

Une bonne ménagère sait combien les petits détails ont d'influence sur le bonheur domestique. Lorsque la famille se réunit pour le repas du soir, elle voit les visages s'épanouir aux odorantes effluves d'un pot-au-feu préparé selon les règles de l'art. Qu'est-ce qui produit cet effet? Bien peu de choses : une quantité presque impondérable de parfums bien combinés, savamment ménagés, qui éveillent l'appétit et donnent un avant-goût du plaisir que va procurer le savoureux potage. Voilà tout. Et cependant, si peu que ce soit, il y a là une source réelle de contentement et d'harmonie, même dans l'intérieur le plus pauvre et le plus éprouvé.

Nous avons déjà dit quelques mots du beurre à propos des fromages. La chimie culinaire ne peut manquer de s'intéresser à cette substance, dont la production est une source de richesse pour notre pays et qui entre pour une large part dans l'alimentation. L'ensemble de la production annuelle s'élève en France à plus de 200,000,000 de francs, et l'on en exporte pour environ 30,000,000.

Le beurre contient de la *margarine*, de l'*oléine*, de la *butyrine* et deux autres matières grasses, qui contribuent à lui donner son odeur caractéristique : la *caprine* et la *caproïne*. De plus il conserve toujours dans sa masse quelques traces de lait, souvent même des quantités considérables.

Les acides et les substances fermentescibles du lait, jointes aux ferments contenus dans l'air, causent promptement, en été surtout, des changements considérables dans le beurre. La couleur devient plus foncée à la surface, les matières grasses s'oxydent, quelques-uns de leurs principes se dégagent, le beurre rancit. On a essayé divers moyens d'empêcher cette altération. Le plus simple et le plus efficace consiste à fondre le beurre au bain-marie à la température de 100 degrés. L'air s'échappe, le caséum du lait monte coagulé à la surface et les ferments sont tués. On décante alors dans des vases de grès lavés à l'eau chaude et séchés rapidement; on couvre après refroidissement d'une couche de sel, et la substance ainsi traitée se conserve très-bien d'une année à l'autre. Seulement le goût et le parfum caractéristiques du beurre frais ont disparu. Dans les ménages, on conserve le beurre pendant une semaine ou deux en le maintenant couvert d'une couche d'eau que l'on a fait bouillir et laissé refroidir avant de l'employer. Il faut avoir soin de renouveler l'eau chaque jour, sans quoi elle absorberait l'oxygène de l'air et se chargerait de ferments. On obtient un meilleur résultat en ajoutant à chaque litre d'eau environ 3 grammes d'acide *acétique* ou d'acide *tartrique*. Ce moyen est applicable au transport du beurre en mottes immergées dans un liquide ainsi préparé.

Le bon beurre est cher : son prix varie en gros

de 1 fr. 70 c. à 4 fr. 80 c. le kilogramme. Aussi a-t-il donné lieu, de tout temps, à des falsifications plus ou moins ingénieuses. L'une de ces fraudes, plus facile à pratiquer en hiver qu'en été, consiste à le mélanger de saindoux et à le colorer pour dissimuler la couleur de la graisse.

Le microscope permet de reconnaître l'adultération. Cet œil, d'une clairvoyance merveilleuse, devrait se trouver entre les mains de tous les inspecteurs de marchés. A Paris, outre les droits d'octroi, le beurre vendu à la halle paie aux agents de l'administration un droit de 5 pour 100. L'administration peut et doit veiller à l'identité de la marchandise. Le beurre naturel, vu au microscope, se montre sous la forme de globules transparents, de taille à peu près uniforme, sauf quelques-uns assez gros formés par l'agglutination de plusieurs petits globules. Dans le saindoux, les globules sont très-gros et opaques; la graisse de bœuf offre aussi une apparence distincte, de même que les produits nouveaux que l'industrie met en concurrence avec le beurre et dont on se sert pour le falsifier sur une grande échelle.

Ces produits industriels, connus sous le nom de *margarine* ou de *beurrine*, sont de la graisse de bœuf dont on a extrait, en partie, la matière la plus dure, la *stéarine*, pour en faire des bougies. Leur composition chimique se rapproche beaucoup de celle du beurre et du saindoux, mais ils ne contiennent ni la *butyrine*, ni les autres matières odorantes qui caractérisent spécialement le beurre. On ne peut rien objecter à ces imitations sous le rapport de la salubrité. Elles remplissent, dans la préparation des aliments, le même rôle que la graisse commune, mais ne valent pas mieux. Les marchands seuls peuvent dire sérieusement qu'il en faut « moitié moins que de beurre » : il n'y a pas d'économie possible sur la quantité si l'on veut obtenir le même effet dans l'alimentation. A part la question de goût, secondaire au fond, car ces imitations n'ont rien de désagréble, reste celle du prix, et tout

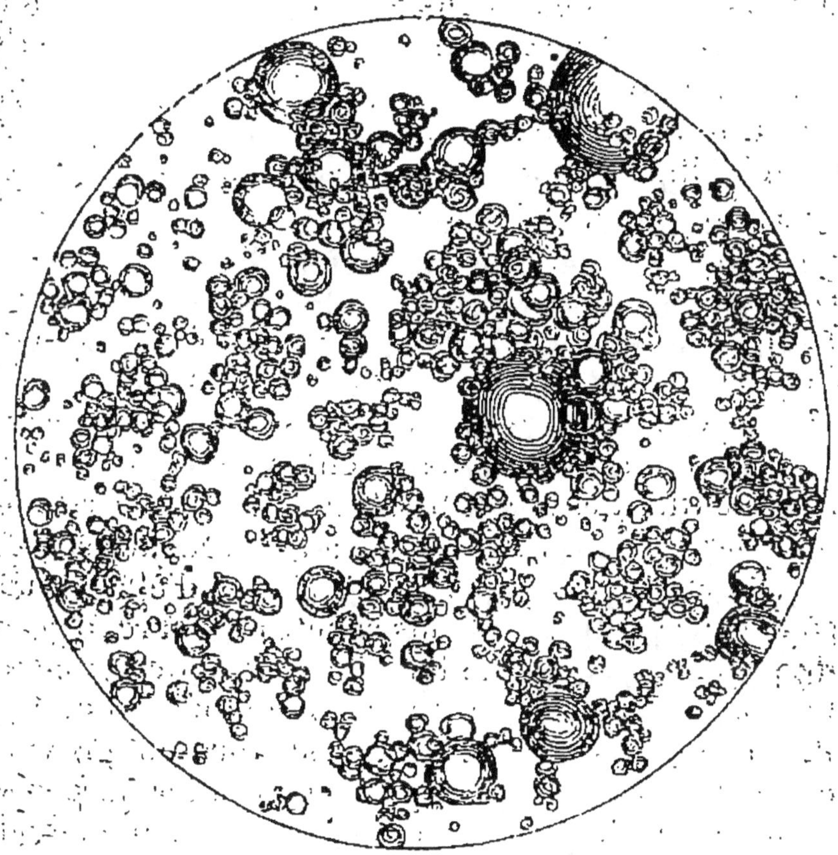

Fig. 65. — Beurre naturel vu au microscope.

se borne à comparer à ce point de vue la marga-rine et la beurrine avec les autres graisses qui se trouvent dans le commerce. Mais il importe de prendre des mesures effectives pour que les faux beurres ne soient pas mêlés aux vrais : le micro-scope et la chimie en fournissent les moyens.

Le beurre contenant toujours de l'acide *butyrique*

et le plus souvent de l'acide *lactique* et du sel, attaque les vases métalliques dans lesquels on le laisse séjourner, et comme les corps gras ont la propriété de dissoudre la plupart des oxydes métalliques, il s'ensuit qu'il est très-dangereux de laisser refroidir dans des ustensiles en cuivre des aliments préparés au beurre. Cette imprudence a causé des accidents funestes.

Puisque nous parlons d'empoisonnements d'origine culinaire, notons que certains poissons, tels que l'anguille, le chien de mer, des mollusques, comme la moule, causent parfois des éruptions passagères ou même des symptômes d'empoisonnement, peu graves d'ordinaire et dont il n'y a guère lieu de s'effrayer. Il y a du reste près des côtes de la Nouvelle-Calédonie plusieurs espèces de poissons reconnues vénéneuses, entre autres une petite sardine qui a causé la mort de plusieurs personnes dans les premiers temps de notre occupation.

A Paris, on ne court aucun risque d'être empoisonné par les champignons achetés au marché, parce que les inspecteurs ne laissent vendre que le champignon de couche, la morille et le mousseron. Mais il y a toujours des amateurs, surtout en province et dans les campagnes, qui veulent aller faire eux-mêmes leur cueillette. Le plat semble bien meilleur quand on en réunit soi-même les éléments. Dans cette récolte, les méprises sont très-faciles; les *agarics* et les *bolets* qui fournissent plusieurs espèces comestibles, en comptent un plus grand nombre qui sont vénéneuses. Il est donc utile de savoir reconnaître, non plus à l'aspect, à la forme, à l'odeur, à la couleur, les variétés innocentes ou dangereuses, mais par un véritable essai chimique. Si une pièce d'argent bien nettoyée ou simplement un oignon blanc noircit au contact des champignons pendant la cuisson, vous êtes certain qu'il s'est glissé quelque intrus dont la compagnie a tout gâté. On a trouvé, en outre, un moyen fort simple et pratiqué d'éviter tout danger, même si l'on a commis une erreur dans la récolte. Les champignons dangereux, coupés en morceaux moyens, et macérés quelques heures dans une assez grande quantité d'eau fortement vinaigrée, perdent leurs propriétés délétères. Pour surcroît de précaution on peut les faire bouillir dans de l'eau après les avoir ainsi marinés.

La chimie ne sert pas seulement à expliquer ce qui se passe dans la préparation habituelle des aliments, à les analyser pour déterminer leur état de pureté ou leur valeur nutritive. Elle cherche, et elle trouve parfois, des procédés utiles pour la conservation et le transport des substances alimentaires.

Le plus efficace de ces procédés, le seul que la pratique ait adopté jusqu'ici, consiste à préparer les aliments de manière qu'ils soient parfaitement à l'abri de l'air, car là où il n'y a pas d'air, il ne peut se produire de fermentation ; celle-ci est toujours causée par des *cellules*, des germes microscopiques qui flottent dans l'air, et ne peut s'établir sans la présence d'oxygène. Pour cela, on fait cuire les substances alimentaires dans des boîtes de ferblanc, à une température de 108 à 110 degrés, c'est-à-dire plus élevée que celle de l'eau bouillante. On a reconnu que cette température était nécessaire pour tuer tous les ferments.

Quant aux aliments prétendus concentrés, de nature animale ou végétale, ils ne contiennent que trèspeu de principes nutritifs. Ils peuvent rendre des services en certaines circonstances. Mais on se tromperait en leur attribuant des vertus fortifiantes.

SOURCES CHIMIQUES DU TRAVAIL

Considérez une machine à vapeur au repos, mais prête à entrer en action. La chaudière a reçu sa provision d'eau, les axes, les coussinets, les glissières sont lubrifiés, le foyer a reçu sa provision de combustible. Pour mettre en mouvement cet engin de travail, cette source de force, ce *moteur*, comme on l'appelle, que faut-il? Que la houille se transforme en brûlant au contact de l'air, qu'elle se résolve en *acide carbonique* et en eau. Sa métamorphose produira la chaleur, source du mouvement. S'il s'agit simplement de faire fonctionner ses organes, de faire tourner son volant, une petite quantité de combustible y va suffire. Mais si vous embrayez un arbre de couche dont les poulies transmettent le mouvement à des laminoirs, des marteaux, des outils à raboter, forer, tourner, à des meules, des blutoirs, à des cardes et à des broches, pour obtenir ce surplus de force mécanique, il faudra brûler un surplus de charbon. Par ce moyen, et en renouvelant l'eau qui s'évapore pour changer en force la chaleur, vous maintiendrez en action moteur et machines aussi longtemps qu'il vous plaira.

Toutefois les frottements usent le fer et le bronze, et la chaudière exposée directement à la flamme s'oxyde, s'écaille, de sorte que l'ensemble du mécanisme perd peu à peu sa matière, il s'use, et pour cela son existence est limitée. Supposez que vous puissiez restituer à chaque instant aux différentes parties ce qu'elles perdent par l'usure, votre moteur durerait indéfiniment et vous n'auriez besoin que de lui fournir le feu et l'eau, d'alimenter les grilles et la chaudière.

Le corps humain, la plus merveilleuse de toutes les machines, qui réalise l'idéal des constructeurs : « obtenir la plus grande somme de force avec la moindre dépense, » a besoin aussi de chaleur pour se mouvoir. Bien différent des mécanismes créés par l'homme, qui ne s'usent que par leurs surfaces, l'organisme humain, composé de parties vivantes, puise dans sa substance même, dans la structure intime des tissus, dans les *cellules*, dernières subdivisions de sa matière, les éléments qui doivent entretenir sa vie et se changer en force après avoir produit de la chaleur. Il lui faut, comme à la machine à vapeur, brûler du *carbone* au contact de l'air, le transformer en acide carbonique et en vapeur d'eau. Comme elle, il a besoin de recevoir constamment de nouvelles quantités d'eau et de carbone pour continuer à se mouvoir, ou plutôt pour continuer de vivre, sans que la vie se manifeste par d'autres mouvements, d'autres forces que les battements du cœur et la respiration. Mais chaque *cellule* du corps, qui participe à sa vie, est soumise à une usure rapide, sa substance se désagrége continuellement, et, pour maintenir son intégrité, elle a besoin de remplacer à chaque instant par des matériaux neufs ceux qui se détachent et sont rejetés comme inutiles. Le corps possède cette propriété admirable, de réparer indéfiniment l'usure de ses tissus au moyen de matières très-variés d'aspect, mais dont la composition chimique coïncide avec la leur.

De l'eau et du carbone font voler sur les rails la locomotive, de l'eau et du carbone font bondir l'artère et gonfler la poitrine de l'homme, mais il faut une autre substance pour rebâtir, molécule à molécule, atome par atome, chaque membre, chaque organe, chaque tissu, chaque cellule, à mesure de leur désintégration : cette substance, c'est l'azote. Avec de l'eau, du carbone et de l'azote, on alimente la machine humaine et l'on assure sa durée.

La vie, sans manifestations spéciales par le mouvement et le déploiement de force, nécessite donc que nous fournissions au corps de l'azote, des substances azotées sous forme d'aliment, pour réparer l'usure continuelle ; et comme cette usure s'accroît en proportion du mouvement et de la force développée, la quantité d'aliments azotés devra leur être proportionnelle.

Il y a ainsi pour l'homme et les animaux deux classes d'aliments : ceux qui sont destinés à entretenir la vie et ceux qui doivent reconstruire les tissus. Les premiers, appelés éléments *respiratoires* ou *combutibles*, ne contiennent que le carbone et les éléments de l'eau, hydrogène et oxygène ; les seconds, nommés aliments *plastiques* ou *réparateurs*, comptent un élément de plus : l'azote.

Réduite à ces termes, la question de nourriture et de travail appartient exclusivement au domaine de la chimie.

Il y a, dans toutes les classes, une foule de préjugés sur la valeur nutritive des aliments et sur les besoins de notre corps. Un des plus dangereux consiste à prendre la faim comme mesure de ces besoins. Dans l'état de maladie, le sentiment de la faim peut s'émousser, puis disparaître, bien que la machine, continuant à se désagréger, ait le même besoin de réparation qu'à l'état normal. L'instinct du malade, ses sensations ne signifient rien en ce cas. Mais dans l'état de santé il ne suffit pas de « manger à sa faim », comme on le répète dans les classes peu aisées, pour que les exigences réelles du corps se trouvent satisfaites. L'alimentation est soumise, par notre nature, à des règles fixes, mathématiques, et l'hygiène les a étudiées pour en tirer des déductions pratiques du plus haut intérêt au point de vue de la santé et du travail.

Un homme adulte, de poids moyen, soit 65 kilogrammes, qui se livre à un exercice modéré, perd chaque jour par la respiration, la transpiration, l'usure et les résidus de ses aliments environ 1,000 grammes d'eau, 300 grammes de carbone et 20 grammes d'azote. Voilà les substances que les boissons et les aliments sont appelés à remplacer. Voyons comment on peut y arriver de la manière la plus avantageuse.

L'analyse du pain ordinaire nous indique qu'il contient par 100 grammes 1 gr. d'azote. Pour arriver à compléter la quantité voulue, il faudra donc 2000 gr. de pain. D'un autre côté, nous n'avons besoin que de 1000 gr. de cette substance pour obtenir 300 gr. de carbone. Cela nous donne un excédant de pain de 1000 gr., consommé exclusivement pour utiliser l'azote qu'il contient, mais dont le carbone est inutile.

Appliquons à la viande le même calcul. La viande sans os ni graisse contient environ 3 pour 100 d'azote ; il suffirait donc de 700 gr. de cette substance pour fournir l'azote d'une ration normale ; mais pour arriver à la dose de carbone nécessaire, il faudrait 3000 gr. de viande, soit 2300 gr. consommés uniquement en vue de leur carbone et dont l'azote, non-seulement serait inutile, mais deviendrait pour l'économie une cause d'embarras et de danger.

Puisque ces deux rations pèchent par des défauts contraires, nous pouvons les combiner de manière à former un aliment qui satisfasse aux exigences de la nutrition sans employer de matières inutiles. On obtient ce résultat avec 1000 gr. de pain contenant 300 gr. de carbone et 10 gr. d'azote; 330 gr. de viande (parée), qui représentent 32 gr. de carbone et 10 gr. d'azote. Le prix des 330 gr. de viande n'excédant pas (en moyenne) celui des 1000 gr. de pain retranchés, il se trouve que l'on a tout avantage à combiner la ration de cette manière; on bénéficie, en outre, du carbone de la viande.

Malheureusement notre agriculture n'est pas assez avancée pour permettre une telle consommation de viande. Paris seul en est suffisamment pourvu; la moyenne par habitant est de 72 kilogrammes par année, ce qui fait par jour 197 gr., auxquels il faut ajouter le poisson, la volaille, etc., qui atteignent le même but. Dans les villes de province, la moyenne est de 54 kilogr.; elle tombe à 20 kilogr. dans les campagnes.

Il faut donc reconnaître que l'azote sous sa forme la plus convenable pour l'alimentation de l'homme est rare et cher, et les efforts de l'agriculture doivent tendre à en produire des quantités toujours croissantes.

Prenons maintenant deux exemples dans le règne végétal : Supposons que l'on consomme seulement du riz ou des fèves. Celles-ci renfermant 40 pour 100 de carbone et environ 30 pour 100 de matières azotées, c'est-à-dire plus que la viande, on sera obligé de consommer 775 grammes de fèves pour ne pas manquer de carbone, tandis que tout l'azote néces-saire est contenu dans 228 grammes. Le riz a la valeur du pain ordinaire, comme azote, mais pour en cuire 2000 gr. il faudra employer un poids d'eau quadruple, de sorte que la ration d'un homme par jour serait de 10000 gr., représentant un volume de plus de 10 litres ! Dans ce cas il peut arriver que, l'estomac étant surchargé, le besoin de manger cesse avant que l'on ait ingéré une quantité d'ali-ments suffisante à la nutrition. Si on combine les fèves et le riz de manière à compenser leurs qua-lités et leurs défauts, on formera une ration com-posée de 350 gr. de fèves et 425 gr. de riz, repré-sentant 310 gr. de carbone et 20 gr. d'azote.

Le dernier exemple nous montre que certaines substances végétales renferment des quantités con-sidérables d'azote et sont précieuses sous ce rapport. La composition des graines des légumineuses se rapproche beaucoup de celle de la viande, de sorte que le règne végétal pourrait, à la rigueur, nous fournir, sur une échelle restreinte, les aliments com-bustibles et réparateurs. Ces derniers comprennent la chair des animaux, viande ou poisson, le lait, les œufs, les graines ; les aliments combustibles sont fournis par la fécule, la gomme, le sucre et les ma-tières grasses, huile, beurre ou graisse. En combi-nant les substances des deux classes d'après leur composition chimique, il est facile d'établir des ra-tions alimentaires qui réunissent toutes les condi-tions désirables.

Le tableau suivant donne l'analyse approxima-tive des substances les plus importantes.

NOMS DES SUBSTANCES.	AZOTE.	CARBONE.	MATIÈRES grasses.	EAU.
Bœuf rôti.	3,5	18	5,0	70
Rognons de mouton.	2,6	12	2,0	79
Raie.	3,8	12	0,5	76
Morue salée.	5,2	16	0,4	47
Maquereau.	3,7	19	7,0	69
Sole.	1,9	12	0,3	87
Brochet.	3,2	12	0,6	78
Anguille.	2,0	30	24,0	62
Œuf de poule.	1,9	13	7,0	80
Huîtres.	2,1	7	1,5	80
Fèves.	4,5	42	2,5	15
Fromage de Brie.	2,9	35	26,0	45
— de Gruyère.	5,0	38	24,0	40
— à la pie.	2,4	25	10,0	69
Haricots.	3,9	43	2,8	10
Lentilles.	3,9	43	2,6	11
Pois secs.	3,9	46	2,0	10
Blé dur du Midi.	3,0	41	2,0	12
Blé tendre.	1,8	39	1,8	14
Farine blanche de Paris.	1,6	39	1,8	14
Orge d'hiver.	1,9	40	2,0	13
Maïs.	1,7	44	8,8	12
Sarrasin.	2,2	43	2,8	12
Riz.	1,8	41	0,8	13
Pain blanc de Paris.	1,0	30	1,2	35
Pain de munition.	1,2	30	1,5	35
Pommes de terre.	0,3	11	0,1	74
Champignons de couches.	0,7	5	0,4	91
Châtaignes.	0,6	35	4,0	26
Figues sèches.	0'9	34	1,5	25
Noix fraîches.	1,4	11	4,0	85
Café (infusion de 100 gr.).	1,1	9	0,5	97
Lard.	1,2	71	71,0	20
Beurre.	0,6	83	82,0	14

Un coup d'œil jeté sur ce tableau fait voir que ce

ne sont pas les aliments les plus délicats et les plus chers qui sont les plus utiles. Ainsi la substance la plus riche en azote est la morue; les fèves occupent le second rang ; le troisième est disputé par les haricots, les lentilles, les pois secs ; le bœuf rôti prend place derrière ces bonnes graines dont on dit tant de mal au collége, dans les casernes, à bord des navires, partout où la pratique, devançant la théorie, les avait fait adopter comme nourriture saine et fortifiante.

Comparons maintenant le pain des villes et celui des campagnes. Le blé tendre, la farine blanche de Paris sont bien inférieurs à tous égards à l'orge, au maïs et au sarrasin. Remarquons que le maïs est privilégié : il contient plus d'azote que la farine blanche, plus de carbone, moins d'eau et presque cinq fois autant de matières grasses.

Ainsi une ration composée de morue, de maïs et de saindoux serait bien plus réparatrice que les mêmes quantités de sole, de pain blanc et de beurre. Il est regrettable certainement que les travailleurs soient obligés de se priver de mets appréciables qui varient le régime et charment le sens du goût, mais on peut se convaincre par les chiffres que nous venons de donner que les aliments du pauvre sont réellement plus nourrissants que ceux du riche, et que même, si la question d'argent ne les y contraignait pas, les personnes adonnées à un dur travail devraient préférer, comme base de leur régime, les légumes secs, le maïs, le sarrasin, la morue, le fromage de gruyère, la viande, sauf les additions et les échanges nécessaires pour varier suffisamment le régime.

Il faut d'ailleurs à ceux qui se livrent à des travaux fatiguants, des aliments qui « tiennent au

« corps », comme ils disent. Les substances délicates facilement digérées ne leur fourniraient pas une sustentation assez prolongée.

Les rations dont nous avons parlé jusqu'à présent s'appliquent à l'homme qui se livre à des travaux modérés. Ceux qui exercent une profession sédentaire font une consommation moindre; ceux qui endurent de grandes fatigues ont besoin de quantités plus considérables. Mais il est important de remarquer que l'indolence ou l'énergie, l'immobilité ou le travail, font varier très-peu la proportion de carbone. Celle-ci, en effet, n'augmente que d'un septième, d'un extrême à l'autre, tandis que la quantité d'azote est doublée. On peut donc dire, en termes généraux, que, pour produire du travail par la machine humaine, il faut de l'azote, et que le travail obtenu peut varier du simple au double en graduant les doses de matières azotées dans la ration quotidienne.

Si les aliments respiratoires ou réparateurs manquent à un moment donné, le corps y supplée en consumant et en usant sa propre substance, il vit aux dépens de sa graisse et travaille aux dépens de ses muscles, il détruit la machine pour la faire servir de combustible. Le travail, même pénible, n'est pas pour notre corps une cause de décrépitude, pourvu que nous en puisions le principe au dehors de nous, dans les aliments; mais la destruction souvent répétée de nos tissus par le manque de nourriture est une cause trop méconnue de dégénérescence, aux points de vue physique et moral.

Dans un corps mal nourri, épuisé par le travail, l'esprit, qui n'a pas subi une déperdition analogue à celle de la matière, mais qui reçoit le contre-coup du malaise physique, se trouve ballotté entre la fièvre et la stupeur : le corps demande un remède passager à l'eau-de-vie; l'esprit le cherche dans les passions vicieuses. Voilà comment la question d'alimentation, toute-puissante quand il s'agit d'obtenir de la machine humaine la plus grande somme possible de travail, exerce une influence capitale sur les questions de morale et de civilisation. La science et l'agriculture doivent se donner la main pour résoudre ces problèmes si secondaires en apparence, mais qui, dans la réalité des choses humaines, priment toutes les autres questions.

Par l'augmentation des vivres disponibles, par la production de l'azote à bon marché, on remédiera à la dépopulation et à l'appauvrissement de la race, dont les défauts au moral dépendent beaucoup plus de sa condition physique qu'on ne le croit d'ordinaire. Travaillons à faire des hommes forts, il sera facile d'en faire des hommes de bien. Que chacun y contribue, commence par lui-même et autour de lui. Nul n'a le droit de diminuer ses forces physiques ou morales, car le travail et les puissances de chacun sont à tous. La société en a besoin pour les œuvres de la paix, la patrie les réclame pour sa défense.

La chimie, vous le voyez, touche à de hauts intérêts : ses applications ne se bornent pas à la matière que l'on croit généralement son domaine exclusif. Même lorsqu'elle ne s'occupe que de la matière, nous pouvons y trouver de dignes sujets de méditation. Considérez combien peu de substances, d'éléments, nous avons mentionnés dans ce petit livre. Et cependant nous avons embrassé un champ immense, nous avons analysé l'air, la terre et l'homme. Quelle complication d'effets et de résultats obtenus avec un si petit nombre de causes et d'instruments !

Quelques métaux : silicium, potassium, sodium, fer, un peu de soufre et de phosphore, s'unissent à l'oxygène et forment sur la masse incandescente du globe une croûte solide de roches et de terres. Le même gaz oxygène s'unit à un autre plus subtil que lui, l'hydrogène, et voilà que leur fusion produit la masse liquide des océans d'où dérivent pluie, ruisseaux et fleuves. De l'eau et de l'air condensés, hydrogène, oxygène, carbone et azote, suffisent pour créer le brin d'herbe et le cèdre, les graines nourrissantes, les fruits savoureux et les fleurs, joyaux de la nature. Et quand la terre est suffisamment préparée, que le sol appelle la charrue, que les plantes sociales ont remplacé les premières générations de forêts enfouies sous forme de charbon, pour des travaux à venir, que l'air épuré laisse passer des rayons de lumière juste assez pour les besoins de la vie et le charme des yeux, que des animaux sans nombre peuplent la terre, l'air et les eaux. Celui qui fit toutes ces choses n'a besoin pour terminer son œuvre que d'un peu de terre, un peu d'eau et un peu d'air ; son souffle les unit, l'homme prend possession de son empire.

L'homme, dernière merveille d'une succession de miracles, n'est pourtant qu'un peu de terre, d'eau et d'air ; ces éléments suffisent à sa croissance, à sa nourriture, à son travail ; c'est en eux qu'il puise à chaque instant la vie, la force, et même l'immatérielle pensée. Ainsi la chimie nous permet d'apprécier mieux le monde où nous vivons, et le corps où vit notre âme en attendant une existence plus parfaite.

FIN

TABLE DES MATIÈRES

Coulommiers. — Typog. ALBERT PONSOT et P. BRODARD.

LIBRAIRIE HACHETTE ET Cⁱᵉ

PETITE BIBLIOTHÈQUE ILLUSTRÉE, FORMAT IN-32

A 50 CENT. LE VOLUME

Anonyme. **La Gaule et les Gaulois.** 1 vol. avec 20 figures.

C. Delon. **Le Fer, la Fonte et l'Acier.** 1 vol. avec 33 figures.

Girard (M.) : **Le Phylloxera et la Vigne.** 1 vol. avec gravures et cartes.

Lee Childe (Mᵐᵉ). **Le général Lee.** 1 vol. avec un portrait et 2 cartes.

Menault (Ernest). *Les Ouvriers de la ferme :*

— **Le Berger.** 1 vol. avec 23 figures.

— **Le Vacher et le Bouvier.** 1 vol. avec 23 figures.

Rendu (Victor), inspecteur général honoraire de l'agriculture. **Petit traité de culture maraîchère** ; 2ᵉ édition. 1 vol. avec 40 figures.

— **La Basse-cour.** 1 vol. avec 14 figures.

— **Les Abeilles.** 1 vol. avec 17 figures.

Riant (Dʳ) : **Le Café, le Chocolat et le Thé.** 1 vol. avec 30 figures.

— **L'Alcool et le Tabac.** 1 vol. avec 35 figures.

Saffray (Dʳ). **Les Remèdes des champs**, *herborisations pratiques* ; 2ᵉ édit. 2 vol. avec 160 figures.

— **La Physique des champs.** 1 vol. avec 95 figures.

Coulommiers — Typ. Albert PONSOT et P. BRODARD.